中等职业教育“十三五”规划教材

模具制造技术专业创新型系列教材

数控铣削技术与技能训练

叶　星　主编

科学出版社

北　京

内 容 简 介

本书依教育部2014年颁布的《中等职业学校专业教学标准（试行）》，参考《数控铣工（中级）国家职业标准》而编写。全书主要介绍数控铣床结构及工作原理、数控铣加工相关刀具的选用方法、数控铣加工编程原理及操作技能、典型零件的数控铣编程与加工、综合型零件的数控铣编程与加工等。

书中配有丰富的视频资源，并采用二维码技术将教学配套视频与智能手机等移动终端相结合，增强与学生的互动和学习体验。

本书可作为中等职业学校模具制造技术专业和数控技术应用专业教材以及数控铣（中级）实训与考级教材，也可作为相关行业岗位培训教材和有关人员参考用书。

图书在版编目(CIP)数据

数控铣削技术与技能训练/叶星主编. —北京：科学出版社，2016

（中等职业教育“十三五”规划教材·模具制造技术专业创新型系列教材）

ISBN 978-7-03-048724-7

Ⅰ. ①数… Ⅱ. ①叶… Ⅲ. 数控机床-铣削-中等专业学校-教学参考资料 Ⅳ. ①TG547

中国版本图书馆CIP数据核字（2016）第129209号

责任编辑：胡晓阳 /责任校对：陶丽荣

责任印制：吕春珉 /封面设计：曹 来

科学出版社出版

北京东黄城根北街16号

邮政编码：100717

http://www.sciencep.com

铭浩彩色印装有限公司印刷

科学出版社发行 各地新华书店经销

*

2016年12月第 一 版 开本：787×1092 1/16

2020年 8 月第二次印刷 印张：13

字数：310 000

定价：35.00元

（如有印装质量问题，我社负责调换〈铭浩〉）

销售部电话 010-62136230 编辑部电话 010-62135763-2023

前　言

教育信息化进程的快速推进深刻地改变着教学观念与教学方法，教育部加强重点专业教学资源建设，启动了一系列以专业和课程为单元的数字化教学资源的建设工作。在这个基础上，我们进行了数控铣削技术与技能训练课程的创新型教材的开发。

本书依据教育部2014年颁布的《中等职业学校专业教学标准（试行）》，参照《数控铣工（中级）国家职业标准》编写而成。本书选取的案例贴近生产实际，创新理念贯彻到内容的选取和教学的形式等方面。

本书具有以下特点：

（1）编写模式新颖，教材体系体现中职特色。本书贯彻“以服务为宗旨，以就业为导向”的职业教育方针，打破“章、节”编写模式，建立了以“工作项目为引导，工作任务进行驱动，行动体系为框架”的教材体系。紧紧围绕学生关键能力的培养来编写，在确保理论知识实用、够用的基础上，融合加工工艺和刀具、量具、夹具的使用等知识，使学生具备数控铣操作岗位的工作能力。

（2）在项目的选取上以生产实际的零件或国家数控铣职业资格鉴定的零件为原型进行设计，任务围绕项目，由易到难，层层分解，帮助学生掌握和理解项目实施中的核心知识点，注重“做、学、教”的密切结合和学生在技能训练方面能力的培养。

（3）为便于学生的理解，本书配有丰富的教学视频。全书采用二维码技术将配套视频与智能手机等移动终端相结合，加强了课程的可视性和拓展性，增加了学生的学习体验。

本书共分两大项目、9个任务，参考学时为120课时，各任务参考课时如下：

参考课时分配表

序号	课程内容	理论课时	实践性课时	合计
1	课程导入0.1　数控铣床的基本认识	2	2	4
2	课程导入0.2　数控铣床常用刀具、夹具、量具的基本知识	2	4	6
3	课程导入0.3　数控铣床的基本操作	2	4	6
4	任务1.1　直线型零件的编程与加工	1	7	8
5	任务1.2　圆弧型零件的编程与加工	1	7	8
6	任务1.3　型腔类零件的编程与加工	1	7	8
7	任务1.4　孔系类零件的编程与加工	1	7	8

续表

序号	课程内容	理论课时	实践性课时	合计
8	任务 1.5　螺纹的编程与加工	1	7	8
9	任务 2.1　十字轮廓零件的编程与加工	1	15	16
10	任务 2.2　六方凹圆轮廓零件的编程与加工	1	15	16
11	任务 2.3　薄壁轮廓零件的编程与加工	1	15	16
12	任务 2.4　叉型轮廓零件的编程与加工	1	15	16
	合计	15	105	120

本书由江苏省武进职业教育中心校叶星担任主编并负责全书的统稿，周海良担任副主编，顾云男参与全书的编写，钱屹、沈华、严波、顾云男、涂天负责全书配套数字资源的脚本编写和创作。在编书过程中，得到了常州亚兴数控设备有限公司和新瑞集团，以及江苏省常州技师学院、无锡机电高等职业技术学校等兄弟院校的大力支持，同时参考了 FANUC Oi-MD 用户手册，在此一并感谢。

由于编者水平有限，书中难免存在不妥之处，敬请读者批评指正。

目　　录

课程导入

数控铣床的基本知识

本项目主要讲述数控铣削的基本知识和安全规范；数控铣削加工的基本操作，包括编制数控程序、程序输入、校验并首件试切、零件加工的基本过程，以及数控铣削日常维护保养知识。

知识目标

- 了解数控方面的基本概念。
- 了解数控铣床的基本结构、特点和应用范围。
- 掌握数控系统操作面板各键和旋钮的含义及功能。
- 了解机床坐标系和工作坐标系。
- 了解数控铣床的安全操作规程和维护保养知识。

技能目标

- 熟练进行机床的开机、回零、工作台和主轴的移动、关机等操作。
- 熟练运用 MDI 面板进行简单程序的输入、修改、删除等编辑操作。
- 能够进行图形的模拟。

0.1 认识数控铣床

数控铣床（图 0-1）是在一般铣床的基础上发展起来的一种自动加工设备，两者的加工工艺基本相同，结构也有些相似。但由于通过数控系统控制，数控铣床可以加工很多复杂曲面和一般铣床难加工的轮廓，可以将更多的工序集中完成。数控铣床又分为不带刀库和带刀库两大类，其中带刀库的数控铣床又称为加工中心。数控铣削操作如图 0-2 所示。本节内容的学习将使学生了解数控铣床的基本知识，详见视频“数控铣床概述”。

图 0-1　数控铣床

图 0-2　数控铣削操作

扫码观看视频

数控铣床概述

学习目标

1. 了解数控铣床的型号标记、种类。
2. 了解数控铣床的组成。
3. 了解数控铣床加工的特点。
4. 了解数控铣床的加工范围。

0.1.1　数控铣床的相关知识

1. 数控铣床的型号

根据国家标准《工业自动化系统 机床数值控制 词汇》（GB 8129—2015）的规定，机床均由英文字母和数字按一定规律组合进行编号，以表示机床的类型和主要规格，如数控铣床编号 XK5025 中，字母与数字含义如下：

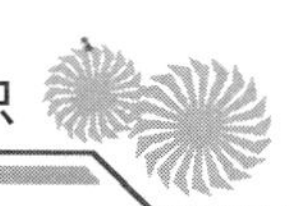

2. 数控铣床的分类

数控铣床可进行平面铣削、轮廓铣削、型腔铣削、钻孔、镗孔、攻螺纹及空间三维复杂型面的铣削等。

（1）按机床主轴的布置形式及机床的布局特点分类

1）立式数控铣床。立式数控铣床的主轴轴线垂直于水平面，是数控铣床中最常见的一种布局方式，应用范围也最广，如图 0-3 所示。立式数控铣床一般用于加工盘、套、板类零件，一次装夹后，可对上表面进行平面铣削，钻、扩、镗、锪、攻螺纹等孔加工及侧面的轮廓加工。

2）卧式数控铣床。卧式数控铣床的主轴轴线平行于水平面，主要用于箱体类零件的加工，如图 0-4 所示。为了扩大加工范围和扩充功能，通常采用增加数控转台或万能数控转台的方式来实现四轴和五轴联动加工。一次装夹后可加工工件侧面的连续回转轮廓，也可通过转台改变零件的加工位置，进行多个位置或工作面的加工。

图 0-3　立式数控铣床

图 0-4　卧式数控铣床

3）立卧两用数控铣床。立卧两用数控铣床又称万能数控铣床，如图 0-5 所示。立卧两用数控铣床主轴可旋转 90° 或工作台带工件旋转 90° ，一次装夹后可以完成对工件五个表面的加工。其使用范围更广、功能更全，选择加工对象的范围更大。

4）龙门数控铣床。采用对称双立柱结构的数控铣床，通常称为龙门数控铣床，如图 0-6 所示。双立柱结构保证了铣床的整体刚性和强度。龙门数控铣床有工作台移动和龙门移动两种形式，适用于加工整体结构件零件、大型箱体零件及大型模具等。

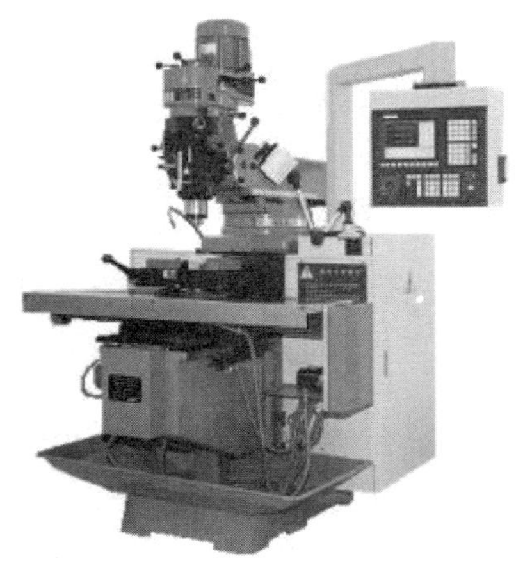

图 0-5　立卧两用数控铣床

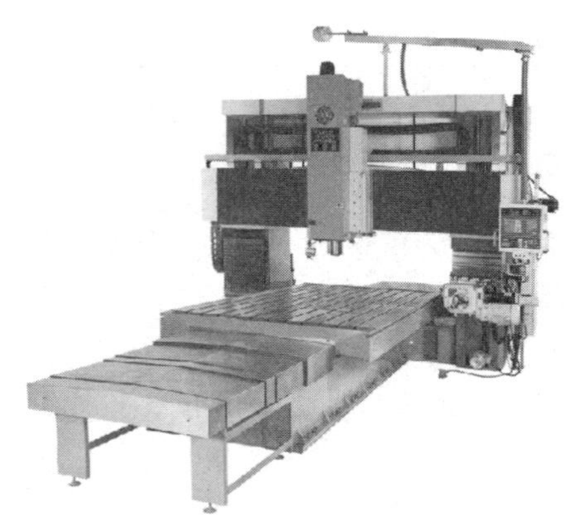

图 0-6　龙门数控铣床

（2）按数控系统的功能分类

1）经济型数控铣床。经济型数控铣床一般采用经济型数控系统，开环控制，可以实现三坐标联动，如图 0-7 所示。

2）全功能数控铣床。全功能数控铣床采用半闭环控制或闭环控制，功能丰富，加工适应性强，应用最广泛，如图 0-8 所示。

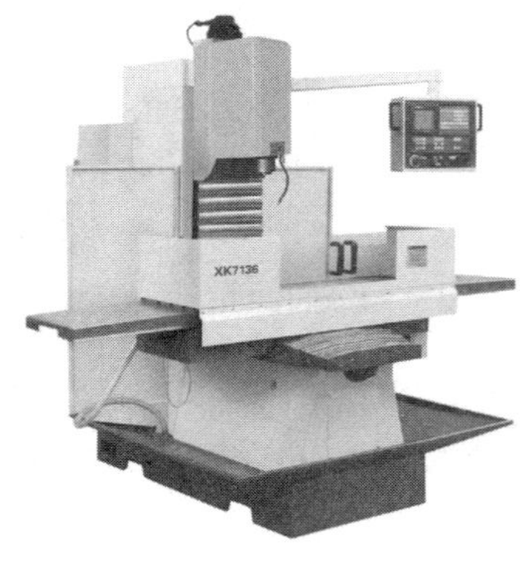

图 0-7　经济型数控铣床

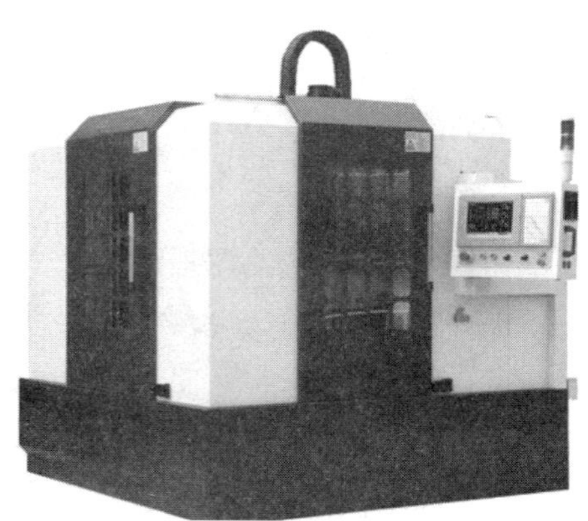

图 0-8　全功能数控铣床

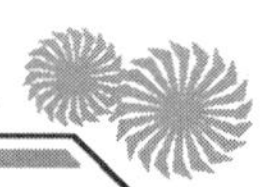

3. 数控铣床的基本结构

数控铣床是在一般铣床的基础上发展起来的，其结构与普通铣床有些相似，但也有很大区别。数控铣床一般由主轴传动系统、进给伺服系统、数控系统、辅助装置、机床本体等几大部分组成，如图 0-9 所示。

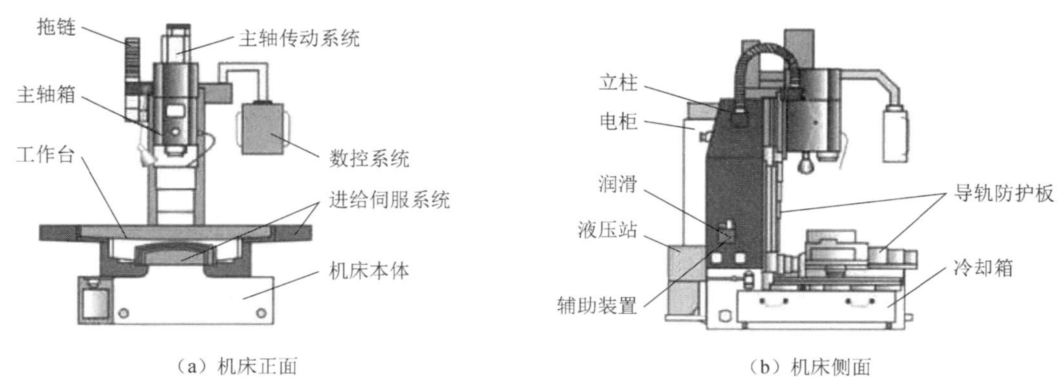

图 0-9　数控铣床的基本结构

（1）主轴传动系统

主轴箱包括主轴箱体和主轴传动系统，用于装夹刀具并带动刀具旋转，主轴转速范围和输出扭矩对加工有直接影响。主轴传动系统如图 0-10 所示。

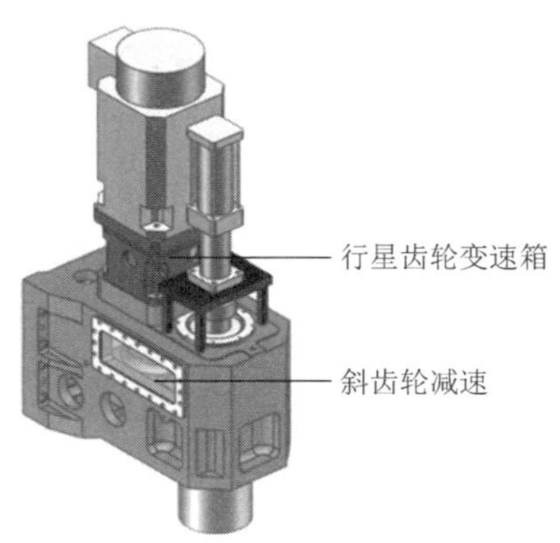

图 0-10　主轴传动系统

（2）进给伺服系统

进给伺服系统由进给电动机和进给执行机构组成，按照程序设定的进给速度实现刀具和工件之间的相对运动，包括直线进给运动和旋转运动。进给伺服系统如图 0-11 所示。

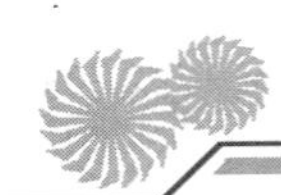

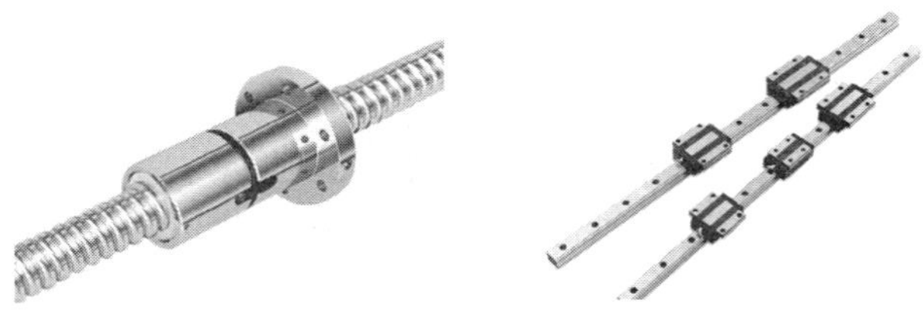

图 0-11　进给伺服系统

（3）数控系统

FANUC 系统的数控装置如图 0-12 所示，它主要由数控系统、伺服驱动装置和伺服电动机组成。其工作过程为数控系统发出的信号经伺服驱动装置放大后指挥伺服电动机进行工作。

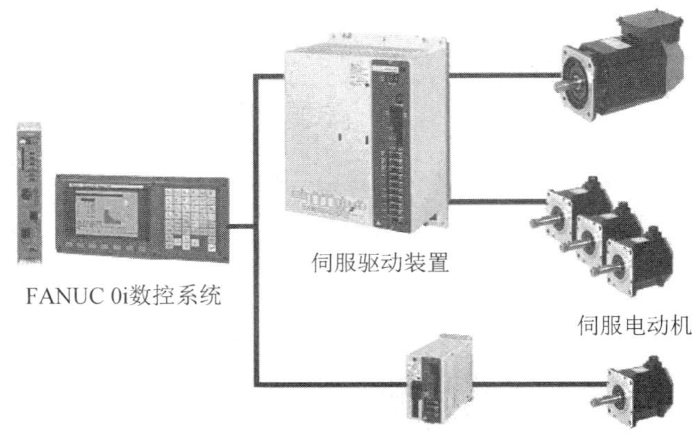

图 0-12　FANUC 系统的数控装置

数控系统部分是数控机床的“大脑”，数控机床的所有加工动作均需通过数控系统来指挥。数控系统与伺服电动机之间的连接部分为数控机床的电气部分（一般位于机床的背面电气柜中），数控系统发出的所有指令均通过电气部分来传递。

（4）辅助装置

加工中心常用的辅助装置如图 0-13 所示，有气动装置、润滑装置、冷却装置、排屑装置和防护装置等。其中气动装置主要向主轴、刀库、机械手等部件提供高压气体。加工中心的冷却方式分为气冷和液冷两种，分别采用高压气体与切削液进行冷却。

（5）机床本体

图 0-14 所示为立式加工中心的机床本体部分，主要由床身基体、工作台面、立柱、主轴部件等组成。安装时，将立柱固定在水平床身之上，保证安装后的垂直导轨与两水平导轨之间的垂直度等要求；将主轴部件安装在立柱之上，保证主轴与立柱之间的平行度等要求。

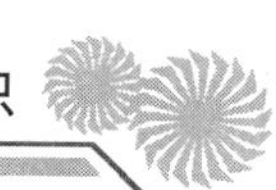

（a）气动装置

（b）润滑装置

（c）冷却装置

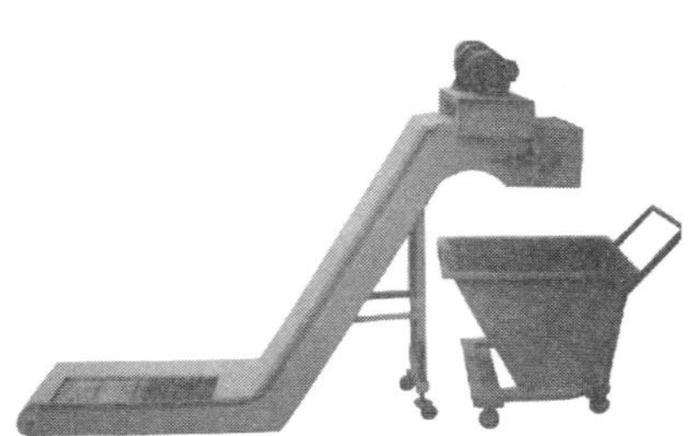

（d）排屑装置

图 0-13　部分辅助装置

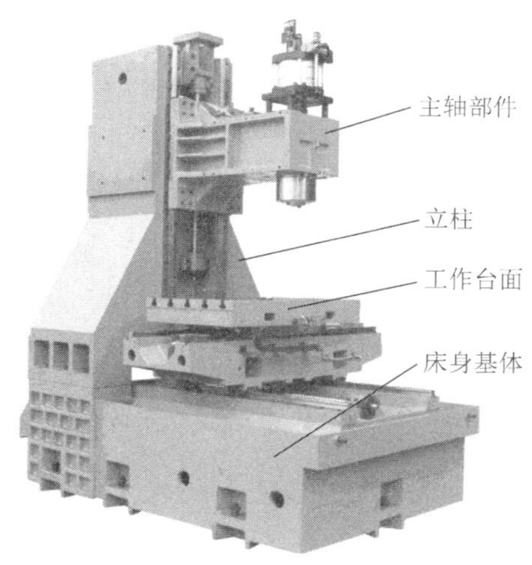

图 0-14　立式加工中心的机床本体

4. 数控铣床的加工范围

适合数控铣削（加工中心）的零件如图 0-15 所示，主要有以下几类。

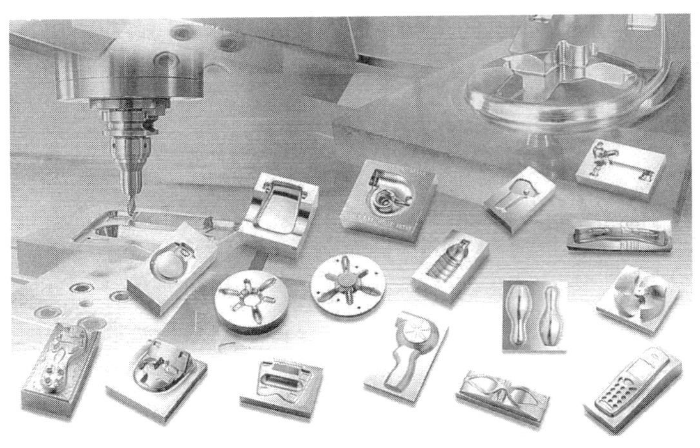

图 0-15　适合数控铣削（加工中心）的零件

1）平面类零件。加工面平行或垂直于水平面，或加工面与水平面的夹角为定角的零件称为平面类零件（图 0-16）。这类零件的特点是各个加工面是平面或可以展开成平面。平面类零件是数控铣削加工中最简单的一类零件，一般只需用三坐标数控铣床的两坐标联动（即两轴半坐标联动）就可以把它们加工出来。

2）变斜角类零件。加工面与水平面的夹角呈连续变化的零件称为变斜角类零件（图 0-17）。变斜角类零件的变斜角加工面不能展开为平面，但在加工中，加工面与铣刀圆周的瞬时接触为一条线。对变斜角类零件最好采用四坐标、五坐标数控铣床摆角加工，若没有上述铣床，也可采用三坐标数控铣床进行两轴半近似加工。

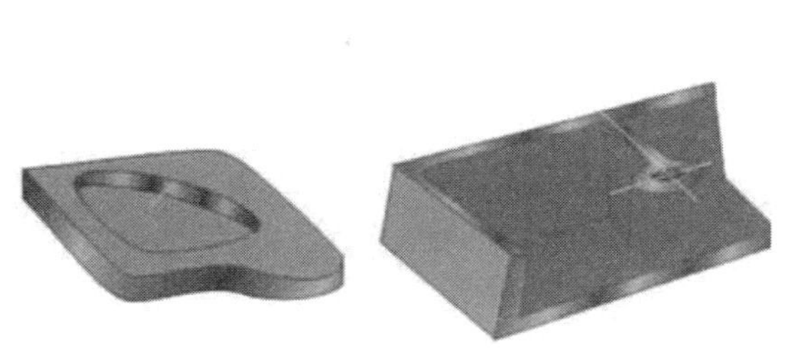

图 0-16　平面类零件

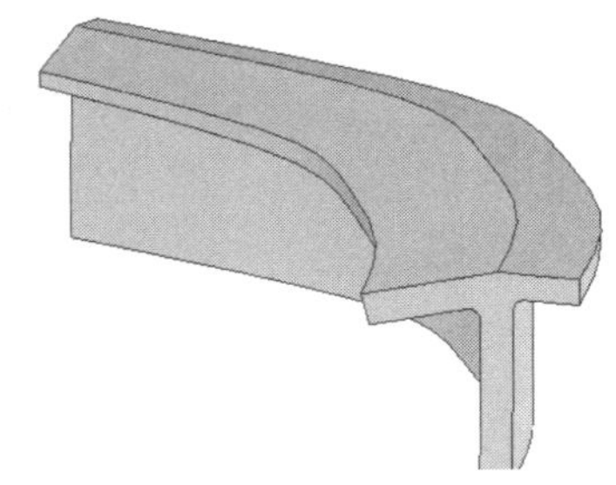

图 0-17　变斜角类零件

3）曲面类零件。加工面为空间曲面的零件称为曲面类零件（图 0-18）。曲面类零件不能展开为平面。加工时，铣刀与加工面始终为点接触，一般采用球头刀在三轴或多轴加工中心上进行精加工。

4）既有平面又有孔系的零件。既有平面又有孔系的零件如图 0-19 所示，主要是指箱体类零件和盘、套、板类零件。加工这类零件时，最好采用加工中心在一次装夹中完

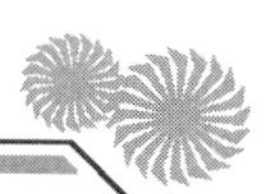

成零件上平面的铣削，孔系的钻削、镗削、铰削、铣削及攻螺纹等多工步加工，以保证该类零件各加工表面间相互的位置精度。

图 0-18　曲面类零件

（a）

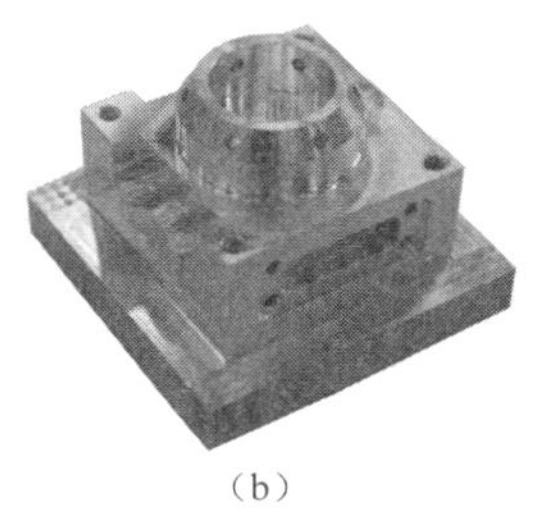

（b）

图 0-19　既有平面又有孔系的零件

5）结构形状复杂的零件。结构形状复杂的零件是指主要表面由复杂曲线、曲面组成的零件。加工这类零件时，通常需采用加工中心进行多坐标联动加工。常见的结构形状复杂的零件有凸轮类零件、叶轮类零件和模具类零件等，如图 0-20 所示。

（a）凸轮类零件

（b）叶轮类零件

（c）模具类零件

图 0-20　结构形状复杂的零件

6）异形零件。异形零件（图 0-21）是指支架、拨叉类外形不规则的零件，其大多采用点、线、面多工位混合加工。由于外形不规则，在普通机床上只能用工序分散的方法进行加工，使用的工装较多，周期较长。利用加工中心多工位点、线、面混合加工的特点，可以完成大部分甚至全部工序内容。

7）其他类零件。加工中心除常用于加工以上特征的零件外，还较适宜加工周期性投产的零件、加工精度要求较高的中小批量零件和新产品试制中的零件等。

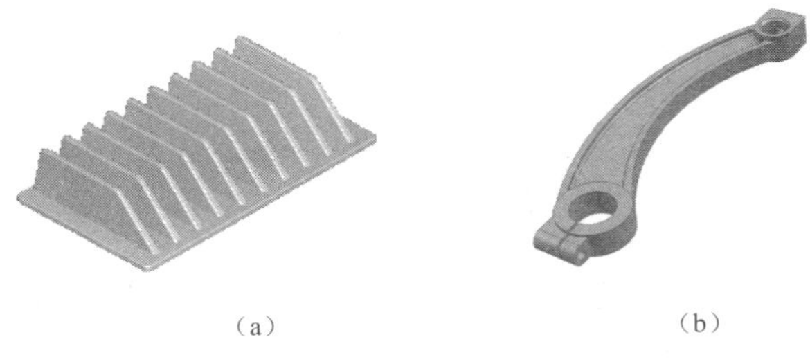

（a）　　　　　　　　（b）

图 0-21　异形零件

0.1.2　数控铣床的安全操作规程

安全文明生产是保障生产工人和机床设备的安全，防止工伤和设备事故的根本保证，也是做好企业管理的内容之一。它直接影响人身安全、产品质量和经济效益，影响机床设备和刀具、夹具、量具的使用寿命及生产工人技术水平的正常发挥。学生在学校期间必须养成良好的安全文明生产习惯，详见视频“数控铣床操作的文明和安全操作规程”。

扫码观看视频

数控铣床操作的
文明和安全操作规程

1. 文明生产

安全文明生产是现代企业管理的一项十分重要的内容，而数控加工是一种先进的加工方法，与通用机床加工相比较，两者在许多方面遵循的原则基本一致，使用方法也大致相同。但数控机床自动化程度高，为了充分发挥机床的优越性，提高生产效率，管好、用好数控机床，操作者除掌握数控机床的性能并精心操作以外，还必须养成良好的文明生产习惯和严谨的工作作风，具有较好的职业素质、责任心和良好的合作精神。操作时应做到以下几点。

1）严格遵守《数控机床的安全操作规程》。

2）严格遵守劳动纪律，不迟到，不早退，工作中不打闹，坚守岗位；上班前和工作中不饮酒。

3）保持数控机床周围的环境整洁，如图 0-22 所示。

图 0-22　数控机床周围的环境

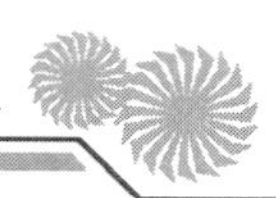

4）操作人员应穿戴好工作服、工作鞋，进入作业现场不准穿高跟鞋、拖鞋、凉鞋、短裤，不准戴头巾和围巾，不准赤脚、赤膊，不准敞衣工作，不准穿戴有危险性的服饰品。正确着装如图 0-23 所示。

图 0-23 正确着装

5）认真执行岗位责任制，严格遵守操作规程，集中精力做好本职工作，不做与本职工作无关的事。

6）非本岗操作者、维护使用人员，未经批准不得进入工作现场和触动机床及辅助设备。

7）严格执行交接班制度，交接班记录完整。

8）下班前必须清理现场，切断电源，关闭门窗。

9）实行定期维护和保养制度，保证机床安全运行。

10）一旦发生事故，应立即采取措施防止事故扩大，保护现场，同时报告有关部门。

2. 安全操作规程

1）阅读《机床操作手册》，熟悉数控机床的性能、结构、传动原理、操作顺序及紧急停车方法。

2）检查润滑油和齿轮箱内的油量情况，有手动润滑的部位要先进行润滑，如图 0-24 所示。

图 0-24 润滑油箱

3）机床通电后，检查电压、气压、油压是否正常，检查各开关、按钮和按键是否正常、灵活，机床有无异常现象，如图 0-25 所示。

（a）

（b）

图 0-25　机床检查部位

4）进行返回机床参考点的操作，建立机床坐标系。

5）开机后让机床空运行 15min 以上，以使机床达到热平衡状态。

6）手动操作沿 X、Y 轴方向移动工作台时，必须使 Z 轴处于安全高度位置，以防止刀具发生碰撞。移动时应注意观察刀具的移动是否正常。

7）正确对刀，确定工件坐标系，并认真核对数据，如图 0-26 所示。

8）输入程序并认真仔细检查。

9）进行模拟加工，验证程序的正确性，如图 0-27 所示。

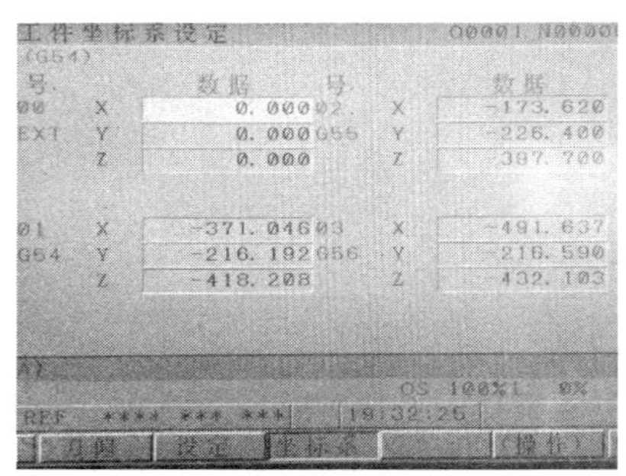

图 0-26　工件坐标系

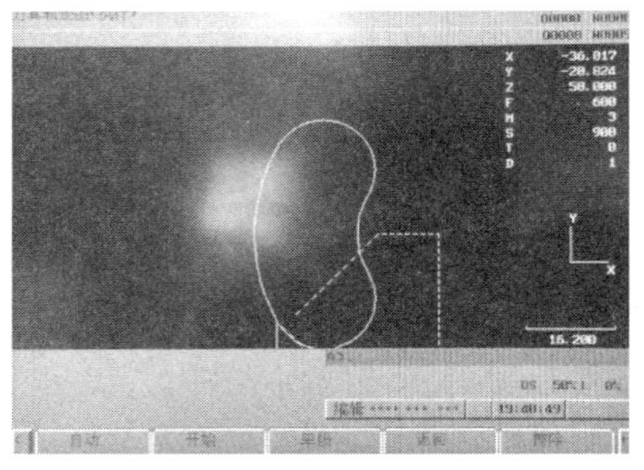

图 0-27　模拟加工

10）程序调试好后，在正式切削加工前，应检查程序、刀具、夹具、工件、参数等是否正确。

11）输入刀具补偿值后，要对刀补号、补偿值、正负号、小数点进行认真核对。

12）检查运行程序与加工工件是否一致。

13）确定机床状态及各开关位置，进给倍率调节旋钮应为 0，如图 0-28 所示。

14）当工件坐标、刀具位置、剩余量三者相符后才能逐渐加大进给倍率调节旋钮。

15）刃磨刀具和更换刀具后，要重新测量刀长并修改刀补值和刀补号。

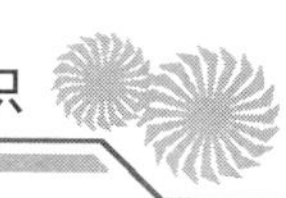

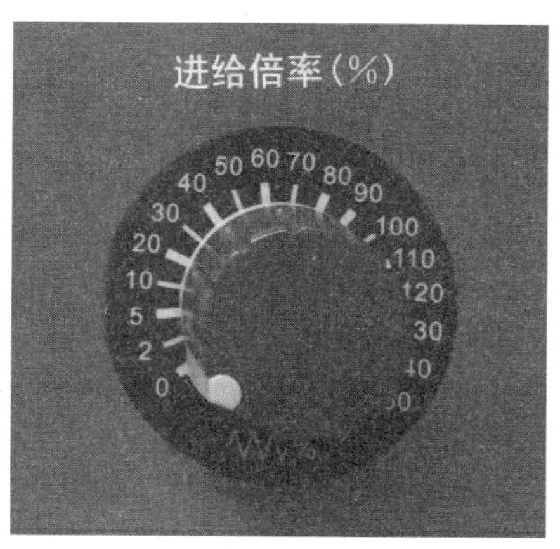

图 0-28　进给倍率调节旋钮

16）修改程序后，要对修改部分仔细计算和认真核对。

17）机床运转时，不得调整刀具和测量工件的尺寸，手不得靠近旋转的刀具和工件。

18）加工完毕后，将 X、Y、Z 轴移动到行程的中间位置，并将主轴倍率调节旋钮和进给倍率调节旋钮都拨至低挡位，防止因误操作而使机床产生错误的动作。

19）卸刀时先用手握住刀柄，再按换刀开关；装刀时应在确认刀柄完全到位后再松手，如图 0-29 所示。

20）加工完毕，及时清理现场，做好工作记录，如图 0-30 所示。

图 0-29　手动换刀

图 0-30　现场记录

3. 异常情况处理

1）当机床因报警而停止时，应先清除报警信息，将主轴安全移出加工位置，确定排除警报故障后，再恢复加工。

2）当正常加工时需要暂停程序前，应先将倍率旋钮缓慢旋至 0 位。

3）当发生紧急情况时，应迅速停止程序，必要时可使用急停按钮，如图 0-31 所示。

图 0-31　紧急停止按钮

知识拓展

企业安全生产

1. 企业安全生产教育的内容

安全生产教育一般分为思想教育、法规教育和安全技术教育。

1）思想教育：主要是正面宣传安全生产的重要性，选取典型事故进行分析，从事故的政治影响、经济损失、个人受害后果几个方面进行教育。

2）法规教育：主要是学习上级有关文件、条例及本企业已有的具体规定、制度和纪律条文。

3）安全技术教育：包括安全技术、一般安全技术的教育和专业安全技术的训练。其内容主要是本企业安全技术知识、工业卫生知识和消防知识，本班组动力特点、危险地点和设备安全防护注意事项；电气安全技术和触电预防知识；急救知识；高温、粉尘、有毒、有害作业的防护；职业病原因和预防知识；运输安全知识；保健仪器、防护用品的发放、管理和正确使用知识等。

2. 企业安全生产教育的主要形式和方法

安全生产教育的主要形式有三级教育、特殊工种教育和经常性的安全宣传教育等形式。

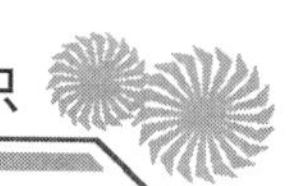

1）三级教育：在工业企业所有伤亡事故中，由于新工人缺乏安全知识而产生的事故发生率一般为50%左右，因此对新工人、来厂实习人员和调动工作的工人，要实行厂级、车间、班组三级教育。

2）特殊工种教育：介绍本工种的安全生产情况、生产工作性质和职责范围，各种防护及保险装置的作用，容易发生事故的设备和操作注意事项。

3）经常性的安全宣传教育：可以结合本企业本班组的具体情况，采取各种形式，如安全活动日、班前班后会、安全交底会、事故现场会、班组园地或壁报等方式进行宣传。

思考与练习

一、填空题

1．数控铣床一般由________、主轴传动系统、________、冷却润滑系统等几大部分组成。

2．数控铣床可进行平面铣削、________、________、钻孔、镗孔、________及空间三维复杂型面的铣削。

3．机床本体包括________、________、________和________。

4．主轴箱包括________和________，用于装夹刀具并带动刀具旋转，主轴转速范围和输出扭矩对加工有直接影响。

5．________是数控机床的“大脑”，数控机床的所有加工动作均需通过数控系统来指挥。

6．FANUC 系统的数控装置主要由________、伺服驱动装置和________组成。其工作过程为________。

二、选择题

1．下列装置中，（　　）不属于数控机床的辅助装置。

A．气动装置　　B．数控装置

C．润滑装置　　D．排屑装置

2．加工完毕后，将 X、Y、Z 轴移动到行程的（　　）位置，并将主轴速度和进给倍率旋钮都拨至（　　）挡位，防止因误操作而使机床产生错误的动作。

A．靠近机床原点，高　　B．远离机床原点，低

C．中间，低　　D．中间，高

3．数控铣床和加工中心唯一的区别是有无（　　）。

A．数控系统　　B．冷却装置

C．刀库和自动换刀装置　　D．气动装置

4．手动操作沿 X、Y 轴方向移动工作台时，必须使 Z 轴处于（　　）位置，防止刀具发生碰撞，移动时应注意观察刀具的移动是否正常。

A．工件上表面　　B．参考点

C．工件下表面　　D．安全高度位置

三、判断题

1．带有回转刀库的数控车床可以归类为加工中心。（　　）

2．机床运转时，不得调整刀具和测量工件的尺寸，手不得靠近旋转的刀具和工件。（　　）

3．立式数控铣床适用于加工整体结构件零件、大型箱体零件及大型模具。（　　）

四、简答题

1．简述数控铣床型号 XK5025 中各数字与字母的含义。

2．试说明适合在数控铣床（加工中心）上加工的零件有哪些。

3．简述在加工过程中，如果遇到异常情况应该如何处理。

0.2　数控铣床常用刀具、夹具、量具的基本知识

数控铣削加工中需要用到各种类型的刀具对工件进行不同部位的切削，用到各种夹具进行工件的定位装夹，用到各种量具对加工的要素进行测量。数控铣削的形式如图 0-32 所示。本节内容的学习将使学生了解数控铣床常用刀具、夹具、量具的基本知识和使用方法。

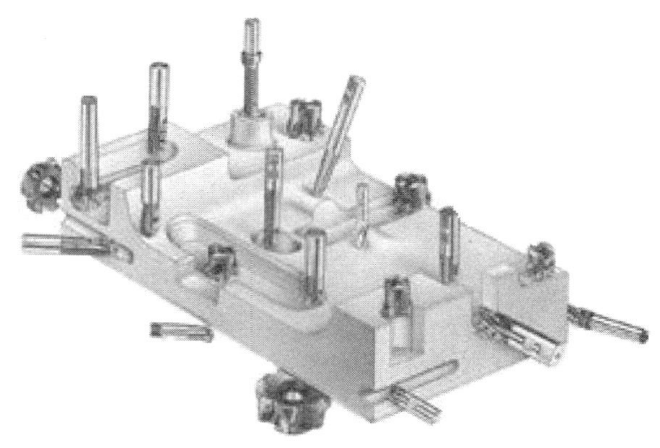

图 0-32　数控铣削形式

学习目标

1．了解数控铣床常用刀具知识。
2．了解数控铣床常用夹具知识。
3．了解数控铣床常用量具知识。

0.2.1　数控铣床常用工具的相关知识

1．数控铣床刀具的选择

数控铣床上所采用的刀具要根据被加工零件的材料、几何形状、表面质量要求、热处理状态、切削性能及加工余量等，选择刚性好、耐用度高的刀具。常见刀具如图 0-33 所示。

图 0-33　常见刀具

（1）铣刀类型的选择

被加工零件的几何形状是选择刀具类型的主要依据。

1）加工曲面类零件时，为了保证刀具切削刃与加工轮廓在切削点相切，而避免切削刃与工件轮廓发生干涉，一般采用球头刀，如图 0-34 所示，粗加工用两刃铣刀，半精加工和精加工用四刃铣刀。

2）铣削较大平面时，为了提高生产效率和加工表面粗糙度，一般采用刀片镶嵌式盘形铣刀，如图 0-35 所示。

3）铣削小平面或台阶面时一般采用通用铣刀，如图 0-36 所示。

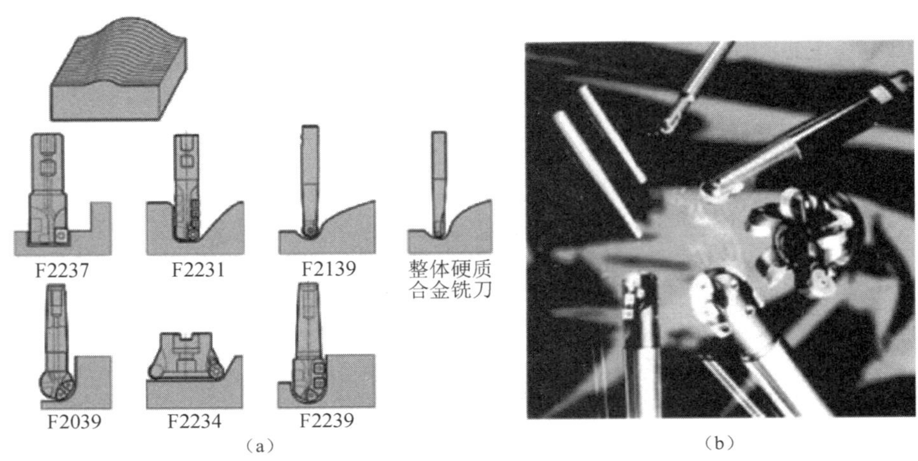

]图 0-34　球头刀

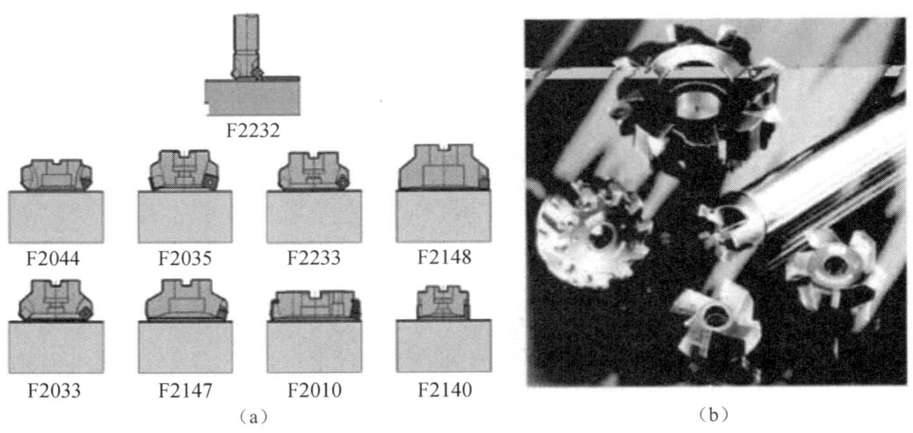

图 0-35　刀片镶嵌式盘形铣刀

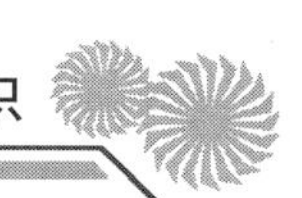

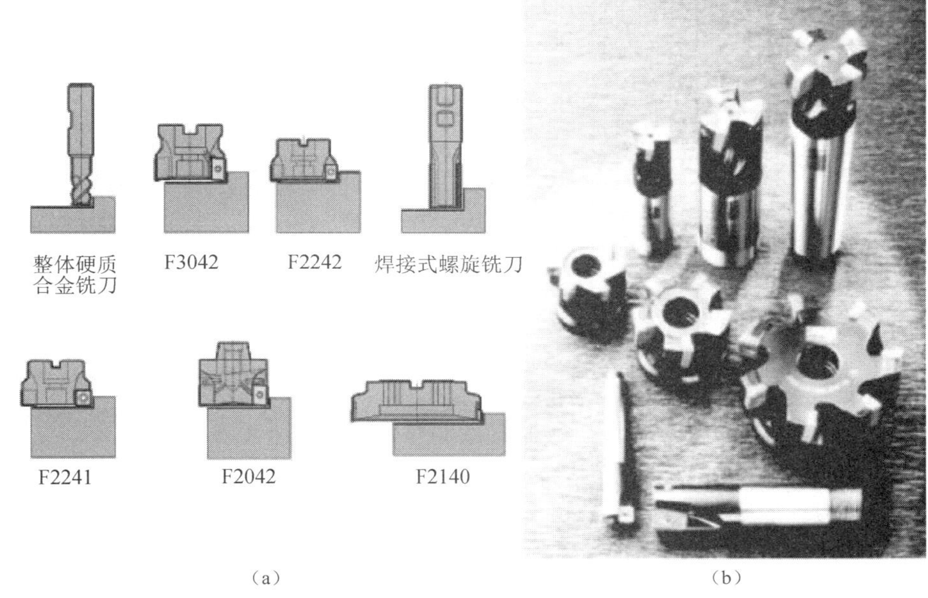

图 0-36　通用铣刀

4）铣键槽时，为了保证槽的尺寸精度，一般用两刃键槽铣刀，如图 0-37 所示。

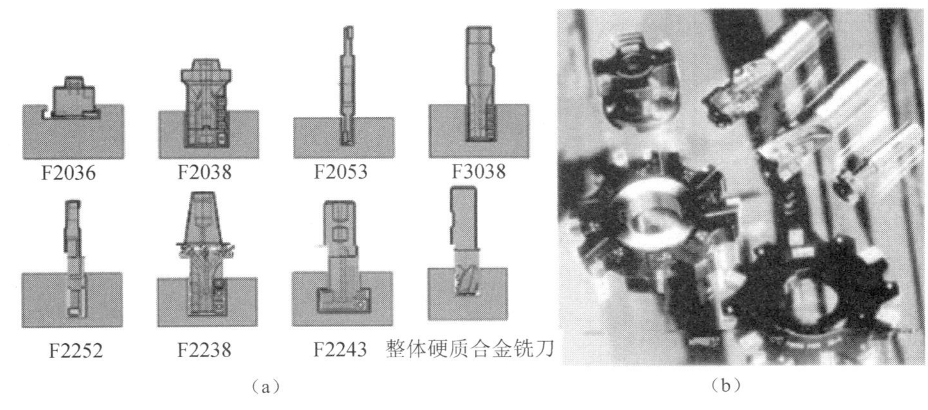

图 0-37　两刃键槽铣刀

5）加工孔时，可采用钻头、镗刀等孔加工类刀具，如图 0-38 所示。

（2）铣刀结构的选择

铣刀一般由刀片、定位元件、夹紧元件和刀体组成。由于刀片在刀体上有多种定位与夹紧方式，刀片定位元件的结构又有不同类型，因此铣刀的结构形式有多种，分类方法也较多，主要根据刀片排列方式选用。刀片排列方式可分为平装结构和立装结构两大类。详见视频“数控铣床用刀柄的结构与刀具的安装 1”和“数控铣床用刀柄的结构与刀具的安装 2”。

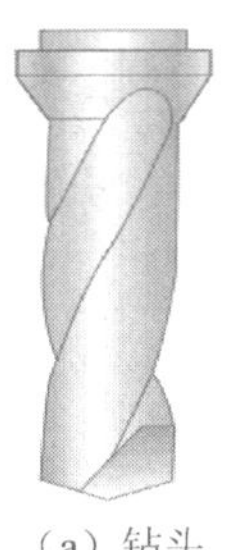

（a）钻头　　（b）镗刀

图 0-38　孔加工类刀具

扫码观看视频

数控铣床用刀柄的结构与刀具的安装 1

1）平装结构（刀片径向排列）。平装结构铣刀（图 0-39）的刀体结构工艺性好，容易加工，并可采用无孔刀片(刀片价格较低，可重磨)。由于需要夹紧元件，刀片的一部分被覆盖，容屑空间较小，且在切削力方向上的硬质合金截面较小，故平装结构的铣刀一般用于轻型和中量型的铣削加工。

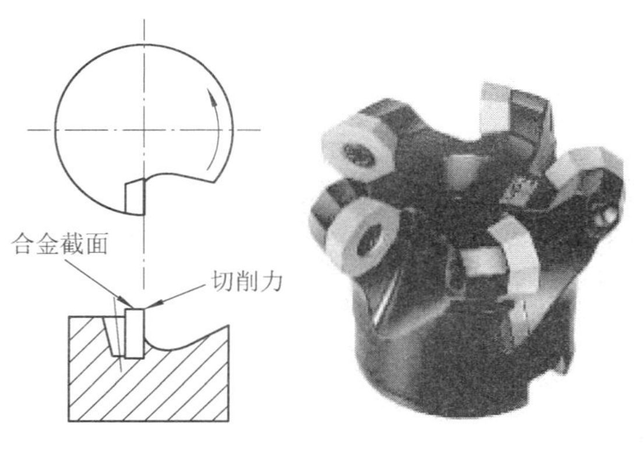

图 0-39　平装结构铣刀

扫码观看视频

数控铣床用刀柄的结构与刀具的安装 2

2）立装结构（刀片切向排列）。立装结构铣刀（图 0-40）的刀片只用一个螺钉固定在刀槽上，结构简单，转位方便。虽然刀具零件较少，但刀体的加工难度较大，一般需用五坐标加工中心进行加工。由于刀片采用切削力夹紧，夹紧力随切削力的增大而增大，因此可省去夹紧元件，增大了容屑空间。由于刀片切向安装，在切削力方向的硬质合金截面较大，因而可进行大切深、大进给量切削，这种铣刀适用于重型和中量型的铣削加工。

（3）铣刀角度的选择

铣刀的角有前角、后角、主偏角、副偏角、刃倾角等。为满足不同的加工需要，有

多种角度组合形式。各种角中最主要的是主偏角和前角（制造厂的产品样本中对刀具的主偏角和前角一般都有明确说明）。

1）主偏角 κ_r。主偏角为切削刃与切削平面的夹角，如图 0-41 所示。铣刀的主偏角有 90°、88°、75°、70°、60°、45° 等几种。

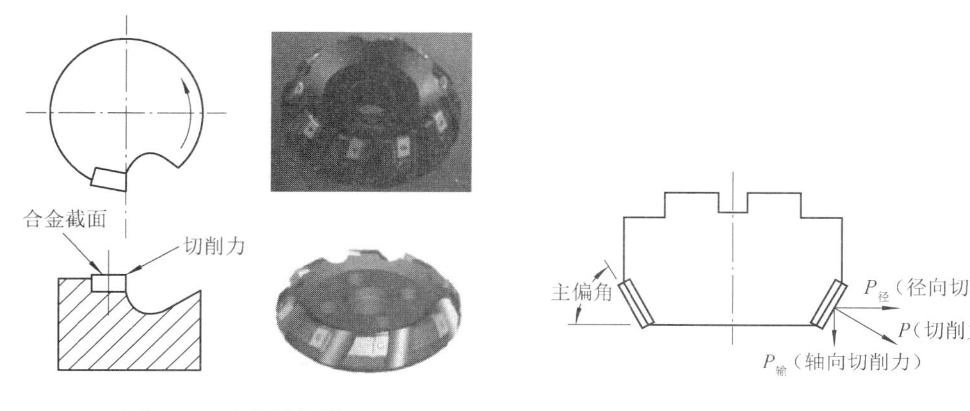

图 0-40 立装结构铣刀

图 0-41 主偏角

主偏角对径向切削力和背吃刀量影响很大。径向切削力的大小直接影响切削功率和刀具的抗震性能。铣刀的主偏角越小，其径向切削力越小，抗震性也越好，但背吃刀量也随之减小。

90° 主偏角，在铣削带凸肩的平面时选用，一般不用于单纯的平面加工。该类刀具通用性好（即可加工台阶面，又可加工平面），在单件、小批量加工中选用。由于该类刀具的径向切削力等于切削力，进给力大，易振动，因而要求机床具有较大功率和足够的刚性。在加工带凸肩的平面时，也可选用 88° 主偏角的铣刀，较之 90° 主偏角铣刀，其切削性能有一定改善。

60°～75° 主偏角，适用于平面铣削的粗加工。由于径向切削力明显减小（特别是 60° 时），其抗震性有较大改善，切削平稳、轻快，在平面加工中应优先选用。75° 主偏角铣刀为通用型刀具，适用范围较广；60° 主偏角铣刀主要用于镗铣床、加工中心上的粗铣和半精铣加工。

45° 主偏角铣刀的径向切削力大幅度减小，约等于轴向切削力，切削载荷分布在较长的切削刃上，具有很好的抗震性，适用于镗铣床主轴悬伸较长的加工场合。用该类刀具加工平面时，刀片破损率低，耐用度高；在加工铸铁件时，工件边缘不易产生崩刃。

2）前角 γ。铣刀的前角可分解为径向前角 γ_f 和轴向前角 γ_p（图 0-42），径向前角 γ_f 主要影响切削功率；轴向前角 γ_p 则影响切屑的形成和轴向力的方向，当 γ_p 为正值时切屑即飞离加工面。径向前角 γ_f 和轴向前角 γ_p 正负的判别如图 0-42 所示。常用的前角组合形式如下。

① 双负前角。双负前角的铣刀通常采用方形（或长方形）无后角的刀片，刀具切削刃多（一般为 8 个），且强度高、抗冲击性好，适用于铸钢、铸铁的粗加工。由于切屑收缩比大，需要较大的切削力，因此要求机床具有较大功率和较高刚性。由于轴向前角为负值，切屑不能自动流出，当切削韧性材料时易出现积屑瘤和刀具振动。凡能采用双负前角刀具加工时建议优先选用双负前角铣刀，以便充分利用和节省刀片。当采用双正前角铣刀产生崩刃（即冲击载荷大）时，在机床允许的条件下也应优先选用双负前角铣刀。

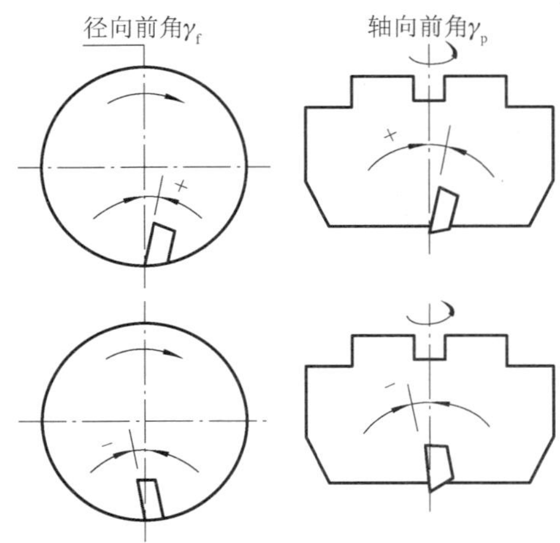

图 0-42　前角

② 双正前角。双正前角铣刀采用带有后角的刀片，这种铣刀楔角小，具有锋利的切削刃。由于切屑收缩比小，所耗切削功率较小，切屑呈螺旋状排出，不易形成积屑瘤。这种铣刀最宜用于软材料、不锈钢和耐热钢等材料的切削加工。对于刚性差（如主轴悬伸较长的镗铣床）、功率小的机床及加工焊接结构件时，应优先选用双正前角铣刀。

③ 正负前角（轴向正前角、径向负前角）。这种铣刀综合了双正前角和双负前角铣刀的优点，轴向正前角有利于切屑的形成和排出；径向负前角可提高切削刃强度，改善抗冲击性能。此种铣刀切削平稳，排屑顺利，金属切除率高，适用于大余量铣削加工。

（4）铣刀齿数（齿距）的选择

铣刀齿数多，可提高生产效率，但受容屑空间、刀齿强度、机床功率及刚性等的限制，不同直径铣刀的齿数均有相应规定。为满足不同用户的需要，同一直径的铣刀一般有粗齿、中齿、密齿三种类型。

1）粗齿铣刀。粗齿铣刀适用于普通机床的大余量粗加工和软材料或切削宽度较大的铣削加工；当机床功率较小时，为使切削稳定，也常选用粗齿铣刀。

2）中齿铣刀。中齿铣刀是通用系列，使用范围广泛，具有较高的金属切除率和切

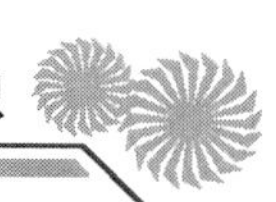

削稳定性。

3）密齿铣刀。密齿铣刀主要用于铸铁、铝合金和有色金属的大进给速度切削加工。在专业化生产（如流水线加工）中，为充分利用设备功率和满足生产节奏要求，也常选用密齿铣刀（此时多为专用非标准铣刀）。

为防止工艺系统出现共振，使切削平稳，还有一种不等分齿距铣刀，如德国 WALTER 公司的 NOVEX 系列铣刀均采用了不等分齿距技术。在铸钢、铸铁件的大余量粗加工中建议优先选用不等分齿距的铣刀。

（5）铣刀直径的选择

铣刀直径的选用视产品及生产批量的不同差异较大，刀具直径的选用主要取决于设备的规格和工件的加工尺寸。

1）平面铣刀。选择平面铣刀的直径时主要需考虑刀具所需功率应在机床功率范围之内，也可将机床主轴直径作为选取的依据。平面铣刀的直径可按 $D=1.5d$（d 为主轴直径）选取。在批量生产时，也可按工件切削宽度的 1.6 倍选择刀具直径。

2）立铣刀。立铣刀直径的选择主要应考虑工件加工尺寸的要求，并保证刀具所需功率在机床额定功率范围内。如果是小直径立铣刀，则应主要考虑机床的最高转数能否达到刀具的最低切削速度。

3）槽铣刀。槽铣刀的直径和宽度应根据加工工件尺寸选择，并保证其切削功率在机床允许的功率范围内。

（6）铣刀的最大背吃刀量

不同系列的可转位面铣刀有不同的最大背吃刀量。刀具的最大背吃刀量越大，所用刀片的尺寸越大，价格也越高，因此从节约费用、降低成本的角度考虑，选择刀具时一般应按加工的最大余量和刀具的最大背吃刀量选择合适的规格。当然，还需要考虑机床的额定功率和刚性应能满足刀具使用最大背吃刀量时的需要。

（7）刀片牌号的选择

合理选择刀片硬质合金牌号的主要依据是被加工材料的性能和硬质合金的性能。一般选用铣刀时，可按刀具制造厂提供的加工材料及加工条件，来配备相应牌号的硬质合金刀片。

由于各厂生产的同类用途硬质合金的成分及性能各不相同，硬质合金牌号的表示方法也不同，国际标准化组织规定，切削加工用硬质合金按其排屑类型和被加工材料分为三大类：P 类、M 类和 K 类。根据被加工材料及适用的加工条件，每大类中又分为若干组，用两位阿拉伯数字表示，每类中数字越大，其耐磨性越低、韧性越高。

P 类合金（包括金属陶瓷）用于加工产生长切屑的金属材料，如钢、铸钢、可锻铸铁、不锈钢、耐热钢等。其中，组号越大，则可选用的进给量和背吃刀量越大，而切削速度越小。

M 类合金用于加工产生长切屑和短切屑的黑色金属或有色金属，如钢、铸钢、奥氏体不锈钢、耐热钢、可锻铸铁、合金铸铁等。其中，组号越大，则可选用的进给量和背吃刀量越大，而切削速度越小。

K类合金用于加工产生短切屑的黑色金属、有色金属及非金属材料，如铸铁、铝合金、铜合金、塑料、硬胶木等。其中，组号越大，则可选用的进给量和背吃刀量越大，而切削速度越小。

各厂生产的硬质合金虽然有各自编制的牌号，但都有对应国际标准的分类号，选用也十分方便。

2. 数控铣床常用夹具

（1）机用平口钳

在数控铣床加工中，对于较小的零件，在粗加工、半精加工和精度要求不高时，可利用机用平口钳进行装夹，如图 0-43 所示。机用平口钳装夹的最大优点是快捷，但夹持范围不大。使用机用平口钳装夹工件时的注意事项如下。

1）在工作台上安装机用平口钳时，要保证机用平口钳的位置正确。当机用平口钳底面没有定位键时，应该使用百分表找正固定钳口。

2）夹持工件时的位置要适当，不应该装夹在机用平口钳的一端。

3）装夹工件时要考虑铣削时的稳定性。

4）铣削长形工件时，可使用两个夹具把工件夹紧。

（2）自定心卡盘

在数控铣床加工中，对于结构尺寸不大，且外表面为不需要加工的圆形表面的工件，可以利用自定心卡盘进行装夹。自定心卡盘也是铣床的通用卡具，如图 0-44 所示。

图 0-43　机用平口钳

图 0-44　自定心卡盘

（3）机床压板

在单件或少量生产和不便于使用夹具夹持的情况下，常常采用这种方法。使用压板螺母、螺栓直接在铣床工作台上装夹工件时，应该注意压板的压紧点尽量靠近切削处，使压板的压紧点和压板下面的支撑点相对应。其主要由压板、垫铁、T形螺栓（或T形螺母）等组成（图 0-45）。

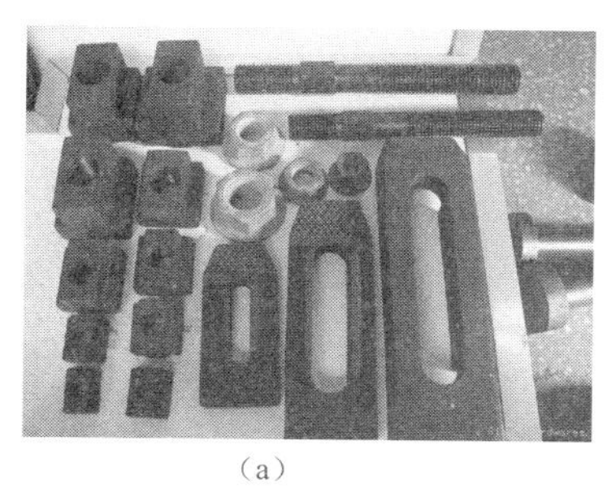

（a）

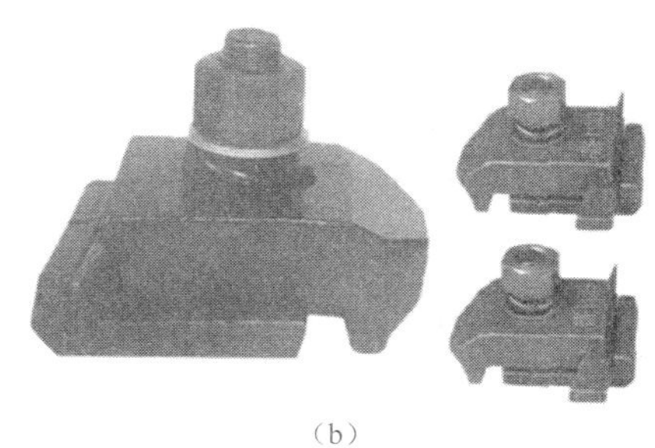

（b）

图 0-45　机床压板

（4）角铁和 V 形块装夹

此类装夹方式适合于单件或小批量生产。角铁常常用来安装要求表面互相垂直的工件；圆柱形工件（如轴类零件）通常用 V 形块装夹，并利用压板将工件夹紧，如图 0-46 所示。

（a）

（b）

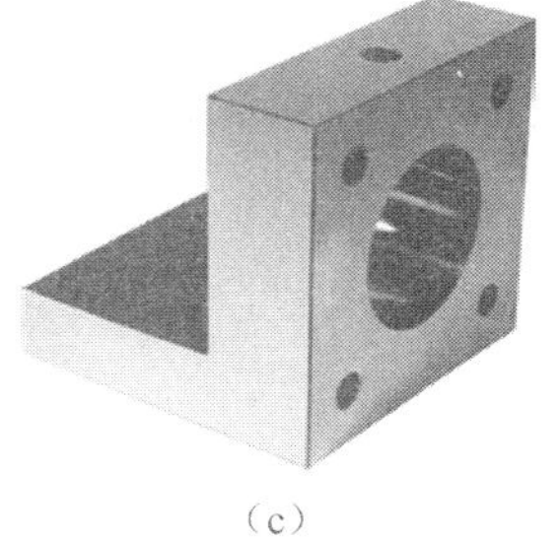

（c）

图 0-46　角铁和 V 形块

（5）专用夹具

在大批量生产中，为了提高生产效率，常采用专用夹具装夹工件，如图 0-47 所示。使用此类夹具装夹工件，定位方便、准确，夹紧迅速、可靠，而且可以根据工件形状和加工要求实现多件装夹。

（a）

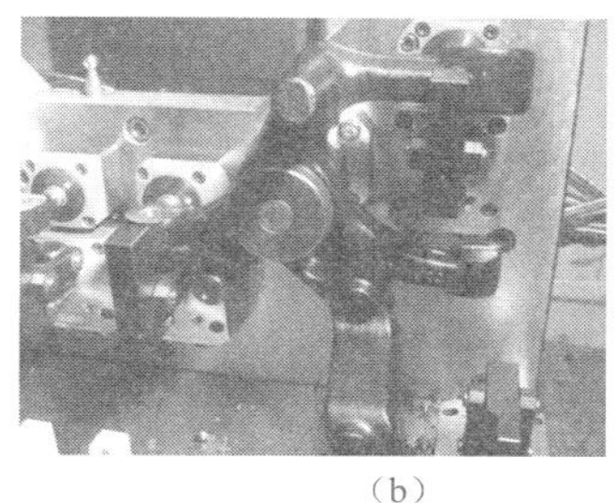

（b）

图 0-47　专用夹具

（6）组合夹具

组合夹具是由一套预制好的标准元件组装而成的，如图 0-48 所示。标准元件有不同的形状、尺寸和规格，应用时可以根据需要选用某些元件，组装成各种各样的形式。组合夹具的主要特点是元件可以长期重复使用，结构灵活多样。

（7）分度头

分度头是铣床的重要附件，如图 0-49 所示。各种齿轮、正多边形、花键及刀具开齿等，都可以使用分度头。使用分度头和分度头尾座顶尖装夹轴类工件时，应使前后顶尖的中心线重合。

图 0-48　组合夹具

图 0-49　分度头

3. 数控铣床常用量具

（1）游标卡尺

游标卡尺是一种测量长度、内外径、深度的量具。游标卡尺由主尺和附在主尺上能滑动的游标两部分构成。主尺一般以毫米为单位，而游标上则有 10、20 或 50 个分格，根据分格的不同，游标卡尺测量的精度相应不同。游标卡尺有很多种类，如图 0-50 所示。

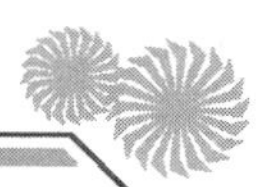

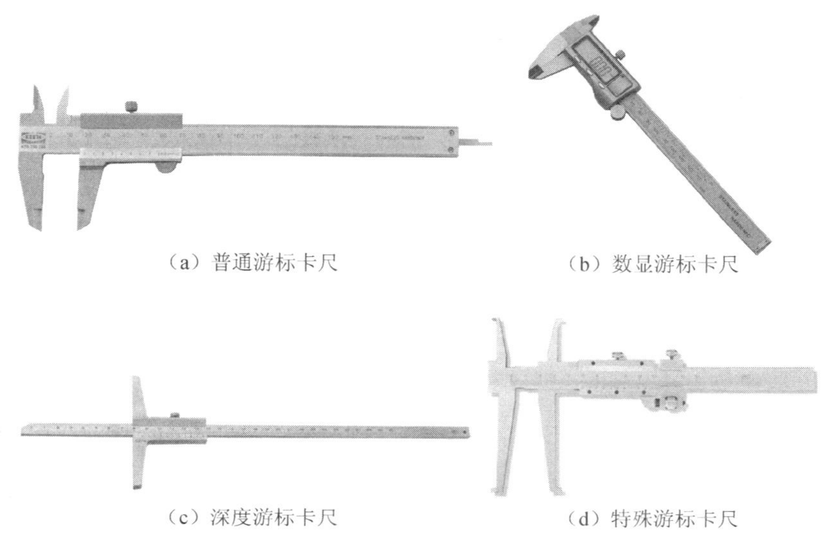

（a）普通游标卡尺　（b）数显游标卡尺

（c）深度游标卡尺　（d）特殊游标卡尺

图 0-50　各类游标卡尺

（2）千分尺

千分尺又称螺旋测微器，是比游标卡尺更精密的测量长度的工具，其测量长度可以准确到 0.01mm。千分尺有很多种类，如图 0-51 所示。

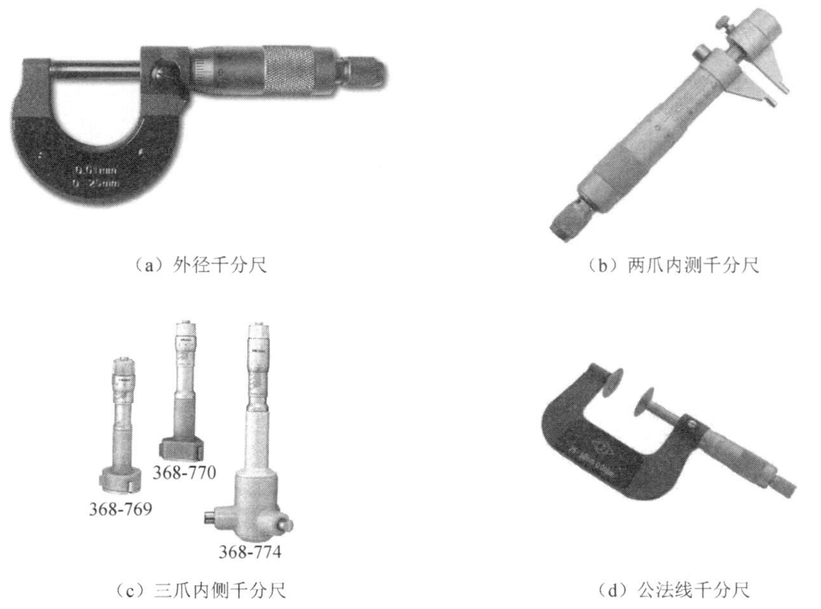

（a）外径千分尺　（b）两爪内测千分尺

（c）三爪内侧千分尺　（d）公法线千分尺

图 0-51　各类千分尺

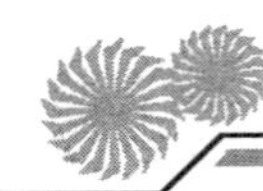

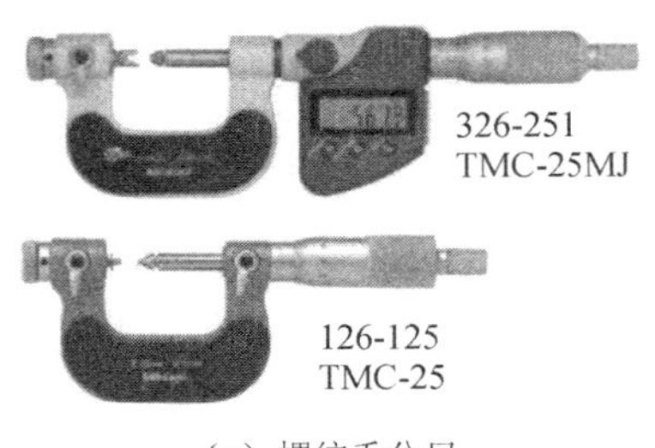

（e）螺纹千分尺

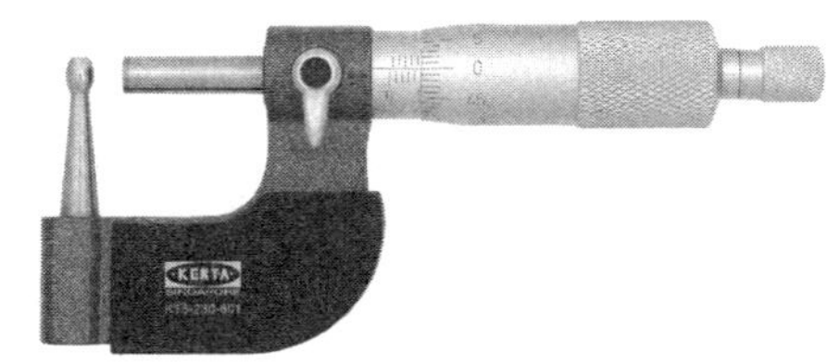

（f）壁厚千分尺

图 0-51　各类千分尺（续）

（3）内径百分表

内径百分表是将测头的直线位移变为指针的角位移的计量器具，用比较测量法完成测量，用于不同孔径的尺寸及其形状误差的测量，如图 0-52 所示。

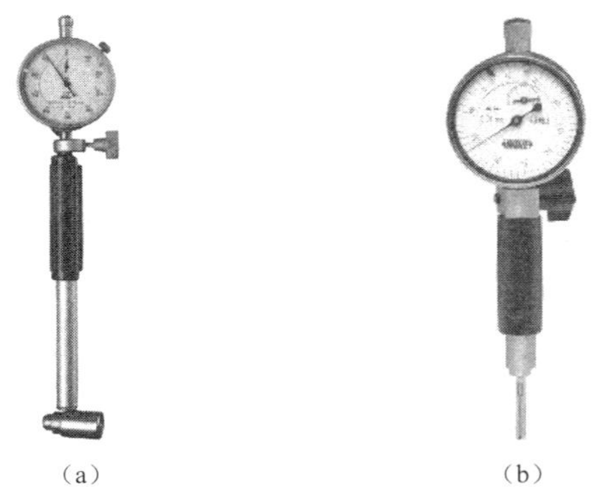

（a）　（b）

图 0-52　内径百分表

（4）塞规

塞规是一种检验孔的专用量规，可分为通规和止规。塞规有销孔塞规和螺纹塞规两种，如图 0-53 所示。

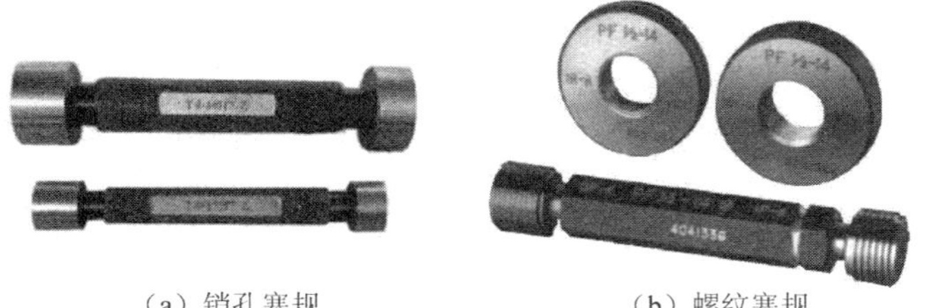

（a）销孔塞规　（b）螺纹塞规

图 0-53　各类塞规

0.2.2 工件的装夹与校正

1. 机用平口钳的安装

检查机用平口钳底部的定位键是否紧固，定位键的定位面是否同一方向安装；将机用平口钳安装在工作台中间的 T 形槽内，如图 0-54 所示。钳口位置居中，并且用手拉动机用平口钳底盘，使定位键向 T 形槽直槽一侧贴合；用 T 形螺栓将机用平口钳压紧在铣床工作台面上。

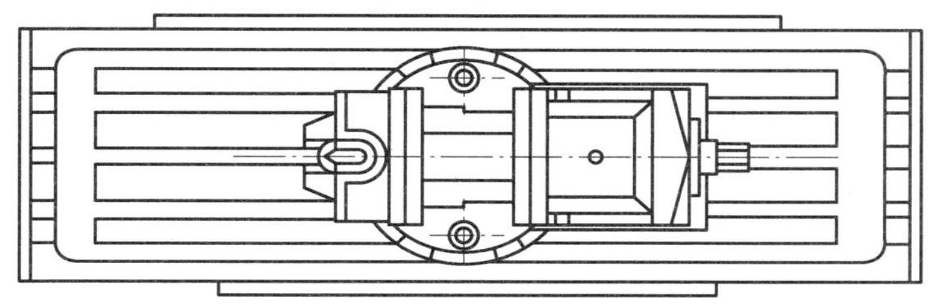

图 0-54 机用平口钳的安装

用百分表找正机用平口钳的步骤：松开机用平口钳上体与转盘底座的紧固螺母，将机用平口钳水平回转 90°，略紧固螺母后，用百分表找正机用平口钳钳口与铣床工作台横向（或纵向）进给方向平行，找正的方法如图 0-55 所示。找正时，注意防止百分表表座与连接杆松动。进行找正操作时，先将百分表测头与定钳口长度方向的中部接触，然后移动横向工作台，根据显示值误差微量调整回转角度，直至钳口与横向（或纵向）平行。同时，移动纵向工作台，可以校核定钳口与工作台面的垂直度误差。

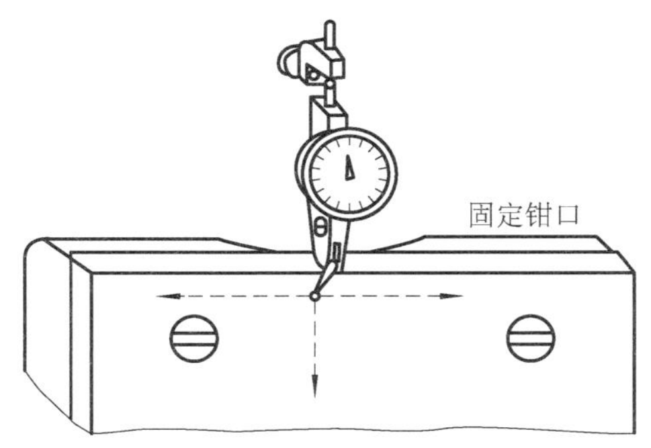

图 0-55 机用平口钳的找正

2. 方形工件的安装

方形工件在铣床工作台上的安装如图 0-56 所示。操作步骤：对于平板工件，可用桥形压板的一端压住工件的定位点，另一端压在等高的垫铁上，中间用螺栓螺母锁紧，如图 0-56（a）所示。对于有锁紧 U 形槽的工件，可以直接用螺母螺栓固定在工作台面上，如图 0-56（b）所示。安装时注意工件底平面要清理干净，保证与工作台面接触可靠。

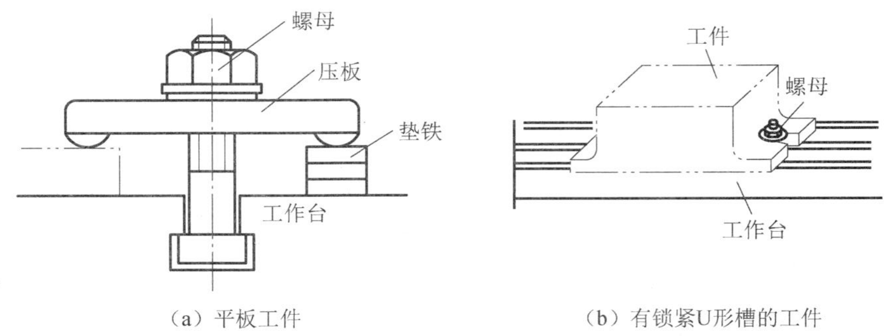

图 0-56　方形工件在铣床工作台上的安装

3. 圆形工件的安装

圆形工件在铣床工作台上的安装如图 0-57 所示。操作步骤：先将定位圆盘固定在工作台面上，通过找正，保证定位圆盘轴线与工作台面的垂直，然后将圆形工件套入定位圆盘进行定位，最后用桥形压板对工件进行固定。

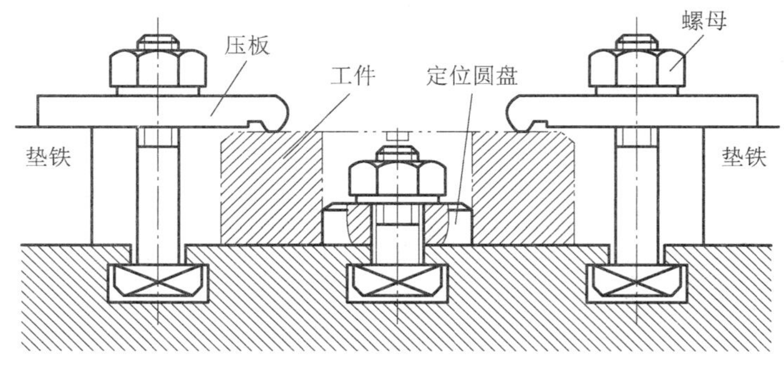

图 0-57　圆形工件在铣床工作台上的安装

4. 圆柱形工件的安装

圆柱形工件在铣床工作台上的安装如图 0-58 所示。操作步骤：先将 V 形铁安放在工作台面上，圆柱工件在 V 形铁中定位，通过找正，使工件的轴线与机床 X 轴平行，并保证两端等高，然后用压板进行压紧。

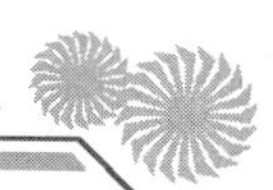

5. 侧面加工薄板的安装

侧面加工薄板的安装的操作步骤：首先安装角铁，对角铁进行找正，确保角铁的定位基准面与工作台面垂直，与加工方向平行，然后将薄板贴合在角铁的定位基准面上，用弓形夹进行固定，如图 0-59 所示。

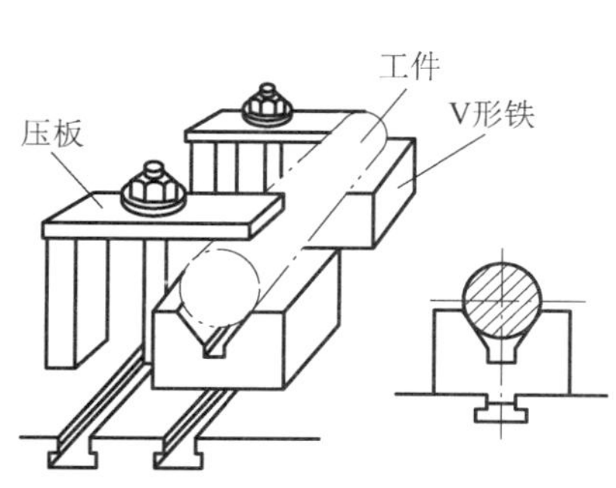

图 0-58 圆柱形工件在铣床工作台上的安装

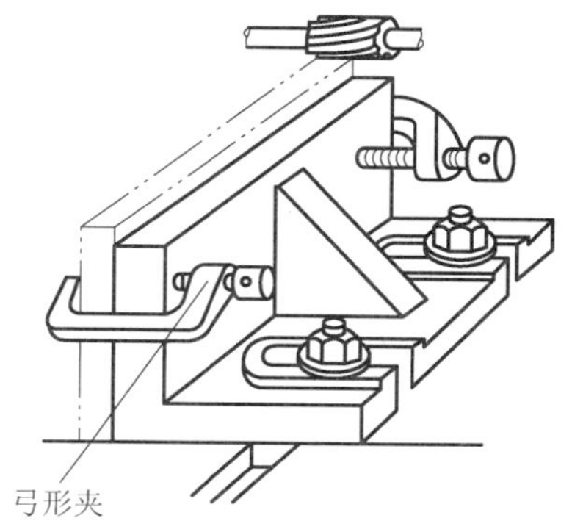

图 0-59 侧面加工薄板的安装

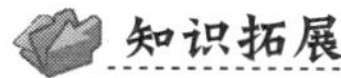

知识拓展

螺纹铣刀选用指南

螺纹铣刀起源于欧洲，在欧洲各国和美、韩、日等发达国家盛行多年，以其诸多优势广泛取代丝锥、板牙、车刀等螺纹加工工具，但在国内却鲜有认知和接受。

最近几年，随着国内航天、汽车、模具、机械加工等行业的蓬勃发展，加工技术的不断提高，先进加工设备的广泛应用，螺纹铣刀逐渐进入人们的视野，并被慢慢认知和尝试用。

螺纹铣刀按材质分为整体硬质合金螺纹铣刀、可转位螺纹铣刀、焊接螺纹铣刀和高速钢螺纹铣刀，其中尤以整体硬质合金螺纹铣刀和可转位螺纹铣刀最为常用。

按螺纹标准分为公制、英制、美制，每个标准又分为更多的细类。

按功能分为全齿螺纹铣刀、三齿螺纹铣刀、单齿螺纹铣刀、多功能螺纹铣刀、深孔螺纹铣刀、高硬度螺纹铣刀、内冷式螺纹铣刀、抗震螺纹铣刀和接骨板螺纹铣刀。

首先，要确定螺纹加工的条件：螺纹铣刀需要在三轴联动（或以上）加工中心上使用；只能加工 3 倍刀具刃径的螺纹长度，并不是超过 3 倍刀具刃径的螺纹长度完全就不能加工，而是加工效果不太理想。

其次，要确定所需螺纹的条件：①螺纹规格；②螺纹长度；③外螺纹/内螺纹；④被切材料，包括材料硬度；⑤螺纹表面粗糙度；⑥工件数量。

最后，有了这些条件后，一般遵循以下原则选用螺纹铣刀：

1）高硬度材料的分水岭是 HRC40 左右，超过这个硬度的材料，就需要选用高硬度的螺纹铣刀。

2）内螺纹还是外螺纹。螺纹铣刀有些规格内、外螺纹是不通用的，如 M 和 UN。除此之外的螺纹规格，螺纹铣刀是内外螺纹通用的。

3）螺纹长度。遵循的基本原则是不超过刀具刃径的 3 倍螺纹长度，螺纹长度较长时尽量选择整体硬质合金螺纹铣刀，超过 3 倍刀具刃径的，可订制带避震装置的螺纹铣刀，或者咨询专业的螺纹刀具工程师。

4）螺纹大小。选择整体硬质合金螺纹铣刀还是可转位螺纹铣刀，一般来讲 M12 以下选用整体硬质合金螺纹铣刀，超过这个规格选择可转位螺纹铣刀。当然也要考虑客户的要求和加工环境，如表面粗糙度要求较高，则应选用整体螺纹铣刀。

5）工件批量大小。打样比较多，散单较多，螺纹规格较杂，应选用单齿范围牙型螺纹铣刀。这种螺纹铣刀牙距是可调的，如洛希尔的 A120036D 螺纹铣刀，牙距范围是 1.0～2.5mm，只要在这个范围内的螺纹都可以用一把螺纹铣刀加工，不分内外螺纹，只要是 60° 的牙型角，不管是美制还是公制都可加工；工件批量大的选用可转位螺纹铣刀，工件数量一般的选用整体硬质合金螺纹铣刀。

6）选择内冷式螺纹铣刀还是外冷式螺纹铣刀。很多欧洲品牌都推荐内冷式螺纹铣刀，因其价格高，利润自然水涨船高。其实除非用于高硬度材料或特别难加工的材料，深孔螺纹或者要求高表面粗糙度的螺纹，否则都可以用外冷式螺纹铣刀。

7）选择国产的还是欧美的。欧美螺纹铣刀品质比较好，但价格也比较高；国产螺纹铣刀价格比较便宜，但是品质不稳定。

外螺纹铣削和内螺纹铣削如图 0-60 和图 0-61 所示。

图 0-60　外螺纹铣削

图 0-61　内螺纹铣削

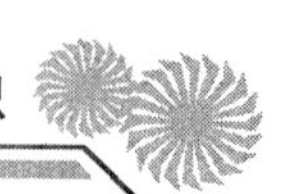

思考与练习

一、填空题

1. 数控铣床上所采用的刀具要根据被加工________、几何形状、________、热处理状态、切削性能及________等，选择刚性好、耐用度高的刀具。

2. 铣刀一般由________、定位元件、________和刀体组成。

3. 加工曲面类零件时，为了保证刀具切削刃与加工轮廓在切削点相切，而避免刀刃与工件轮廓发生干涉，一般采用________。

4. 铣削________时，为了提高生产效率和加工表面粗糙度，一般采用刀片镶嵌式盘形铣刀。

5. ________主要用于在铣床上加工凹槽、台阶面和成形面等。

6. 同一直径的铣刀一般有粗齿、中齿、密齿三种类型，________铣刀具有较高的金属切除率和切削稳定性。

7. 铣________时，为了保证槽的尺寸精度，一般用两刃键槽铣刀。

8. 铣刀的角度有前角、后角、主偏角、副偏角、刃倾角等。为满足不同的加工需要，有多种角度组合形式。各种角度中最主要的是________和________。

9. 切削加工用硬质合金分为三大类：P 类、M 类和 K 类。每大类中又分为若干组，用两位阿拉伯数字表示，每类中数字越大，其耐磨性________、韧性________。

10. 数控铣床常用量具有________、________、________和________。

二、选择题

1. 在大批量生产中，为了提高生产效率，常采用（　　）装夹工件，其定位方便、准确，夹紧迅速、可靠，而且可以根据工件形状和加工要求实现多件装夹。

A. 机用平口钳　　B. 专用夹具

C. 自定心卡盘　　D. 机床压板

2. 主偏角对径向切削力和背吃刀量影响很大。径向切削力的大小直接影响切削功率和刀具的抗震性能。铣刀的主偏角越（　　），其径向切削力越小，抗震性也越好，但背吃刀量也随之（　　）。

A. 小，减小　　B. 大，减小

C. 小，增加　　D. 大，增加

3. 铣床上用的机用平口钳属于（　　）。

A. 通用夹具　　B. 专用夹具

C．成组夹具　　　　　　　　　　D．组合夹具

三、简答题

1．常用的数控铣削刀具有哪几种?各种铣刀有什么用途?
2．简述使用机用平口钳装夹工件时的注意事项。
3．如何选择数控铣刀的主偏角?
4．数控机床对夹具有哪些要求？试列举数控铣削常用的通用夹具。

0.3　数控铣床的基本操作

本节将通过数控铣床基本操作过程的学习，使学生了解数控铣床操作面板的功能和操作方法，如何建立数控铣削的加工坐标系，如何进行数控铣床的日常维护与保养。数控铣床的操作如图 0-62 所示，详见视频“数控铣床基本操作”。

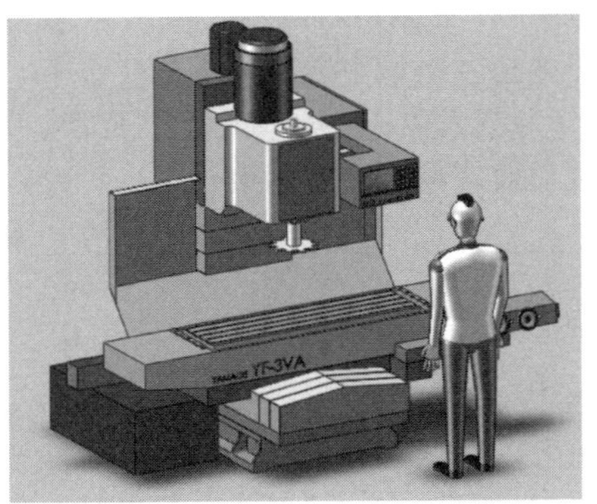

图 0-62　数控铣床的操作

扫码观看视频

数控铣床基本操作

学习目标

1．掌握数控铣床操作的基本流程。
2．了解数控铣床操作面板的功能。
3．掌握数控铣床对刀操作及设定工件坐标系的方法。
4．学会数控铣床的手摇进给操作和手动进给操作。

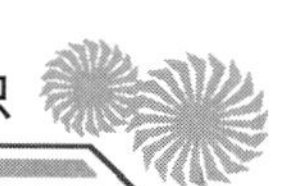

0.3.1　数控铣床操作的相关知识

1. 数控铣床的控制面板

数控铣床所提供的各种功能可以通过控制面板上的键盘操作得以实现（详见视频“数控铣床基本操作”）。机床配备的数控系统不同，其 CRT/MDI 控制面板的形式也不相同。下面以大连 XD-40A 数控铣床配备的 FANUC 0i-MC 数控系统为例介绍其各控制键的功能，如图 0-63 所示，具体键的详细说明见表 0-1。

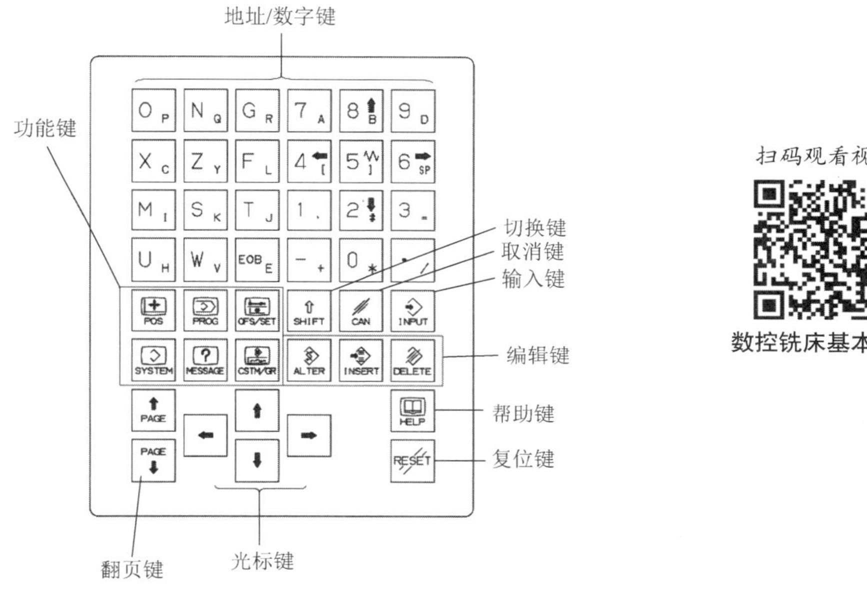

图 0-63　MDI 面板

扫码观看视频

数控铣床基本操作

表 0-1　MDI 面板上键的详细说明

序号	名称	图标	说明
1	复位键	RESET	按此键可使 CNC 复位，用以消除报警等
2	帮助键	HELP	按此键用来显示如何操作机床，如 MDI 键的操作，可在 CNC 发生报警时提供报警的详细信息（帮助功能）
3	软键		根据其使用场合，软键有各种功能，软键功能显示在 CRT 屏幕的底部
4	地址/数字键	N Q　4 [　…	按这些键可输入字母、数字及其他字符

续表

序号	名称	图标	说明
5	切换键	SHIFT	在有些键的顶部有两个字符，按切换键来选择字符，当一个特殊字符E在屏幕上显示时，表示键面右下角的字符可以输入
6	输入键	INPUT	当按下地址/数字键后，数据被输入缓冲器，并在CRT屏幕上显示出来。为了把输入缓冲器中的数据复制到寄存器，需按输入键。这个键相当于软键盘的[INPUT]键，按这两个键的结果是一样的
7	取消键	CAN	按此键可删除已输入缓冲器中的最后一个字符或符号，当显示输入缓冲器中的数据为N0001 X100 Y50时，按取消键，则字符0被删除，显示为N0001 X100 Y5
8	编辑键	ALTER INSERT DELETE	ALTER 替换键，用输入的指令代码替换当前光标位置的指令代码； INSERT 插入键，在当前光标位置插入指令代码； DELETE 删除键，用于删除数据、程序段
9	功能键	POS PROG …	这些键用于切换显示各种功能画面，功能键的详细说明见表0-2
10	光标键	← ↑ ↓ →	→：用于将光标朝右或前进方向移动，在前进方向光标按一段短的单位移动； ←：用于将光标朝左或倒退方向移动，在倒退方向光标按一段短的单位移动； ↓：用于将光标朝下或前进方向移动，在前进方向光标按一段短的单位移动； ↑：用于将光标朝上或倒退方向移动，在倒退方向光标按一段短的单位移动
11	翻页键	PAGE↑ PAGE↓	PAGE↑：用于在屏幕上朝前翻一页； PAGE↓：用于在屏幕上朝后翻一页

（1）功能键

功能键主要用于选择要显示的屏幕种类，在MDI面板上有以下功能键（表0-2）。

表 0-2　功能键详细说明

序号	图标	说明
1	POS	位置显示键，在 CRT 屏幕上显示机床现在的位置
2	PROG	程序键，在编辑方式下，编辑和显示内存程序，显示 MDI 数据
3	OFS/SET	菜单设置键，显示和设定刀具偏置数值
4	SYSTEM	系统键，显示系统画面
5	MESSAGE	信息显示键，显示报警号、报警提示等信息画面
6	CSTM/GR	图形显示键，显示用户宏画面（会话式宏画面）或显示图形画面

（2）机床控制面板

机床控制面板如图 0-64 所示。

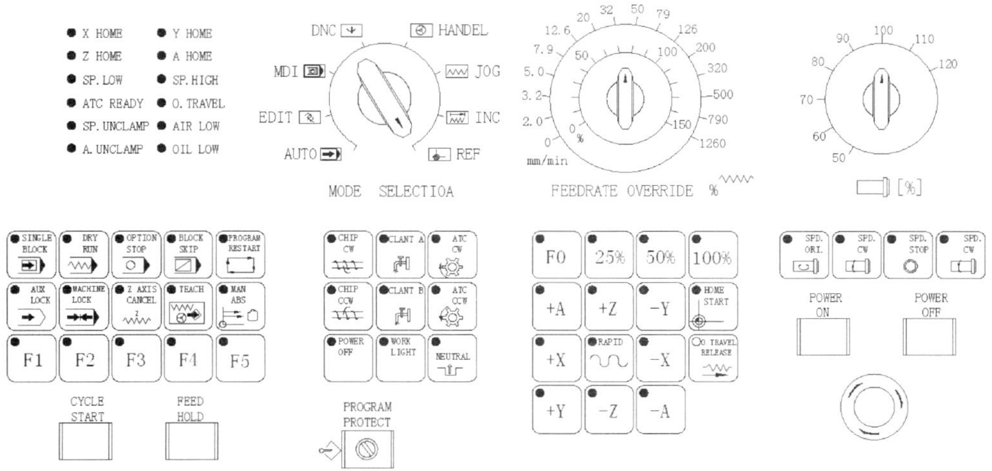

图 0-64　机床控制面板

1）机床操作模式选择旋钮（图 0-65），用于选择机床操作模式。AUTO 为自动方式，用于自动加工模式；EDIT 为编辑模式，用于编辑数控程序；MDI 为手动数据输入模式，用于单程序段执行；DNC 为文件传输模式，用于在线加工；HANDEL 为手摇脉冲发生器操作模式，用于手摇操作；JOG 手动连续进给模式，用于手动方式连续进给；INC 为手动断续进给模式，用于手动方式断续进给；REF 为返回机床参考点模式，用于机床回零。

2）进给轴向选择开关（图 0-66）。RAPID：快速移动开关，实现坐标轴的快速移动。-Z、+Z：实现坐标轴沿-Z、+Z 方向移动。-Y、+Y：实现坐标轴沿-Y、+Y 方向移动。-X、+X：实现坐标轴沿-X、+X 方向移动。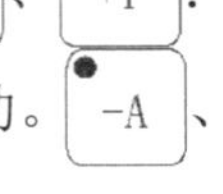-A、+A：实现坐标轴沿-A、+A 方向转动（机床需具有 4 轴功能）。

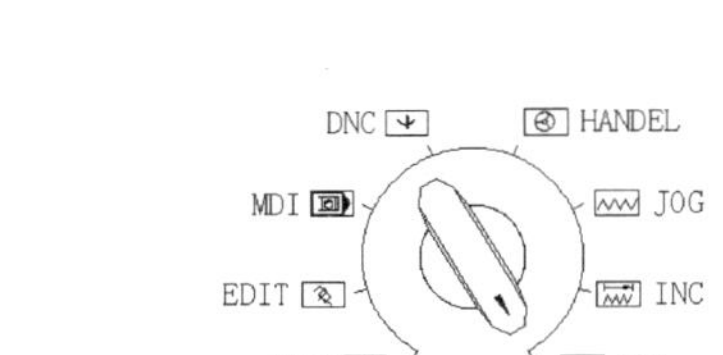

图 0-65　机床操作模式选择旋钮

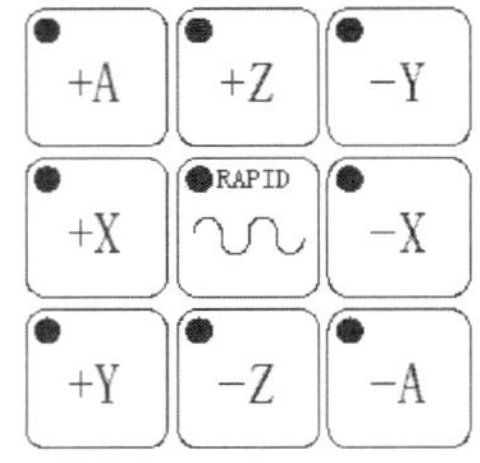

图 0-66　进给轴向选择开关

3）进给倍率调节旋钮（图 0-67），使用该旋钮后，机床移动的实际进给速度为程序给定的进给速度乘以倍率得到的速度值。如程序设定 F100，进给倍率调节旋钮设定 60%，则实际进给速度为 F60。

4）快速移动倍率开关（图 0-68），用于调节机床最高进给速度。

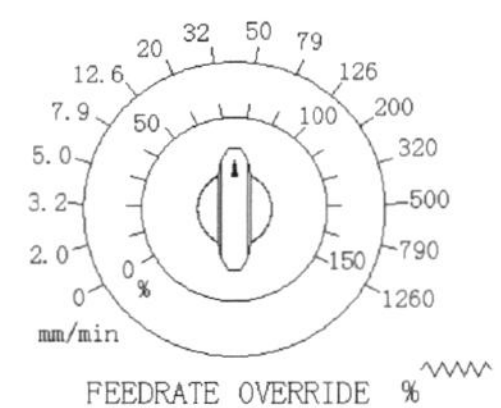

图 0-67　进给倍率调节旋钮

图 0-68　快速移动倍率开关

5）主轴控制开关（图 0-69）。

6）主轴倍率调节旋钮（图 0-70），使用该旋钮后，机床主轴的实际转速为程序给定的转速乘以倍率得到的转速值。如程序设定 S1000，主轴倍率调节旋钮设定 80%，则实际转速为 S800。

7）紧急停止按钮，用于在突发情况下紧急停止机床，避免事故的发生。

8）POWER ON 按钮、POWER OFF 按钮，表示 CNC 电源按钮。按下 POWER ON 按钮，接通 CNC 电源；按下 POWER OFF 按钮，断开 CNC 电源。

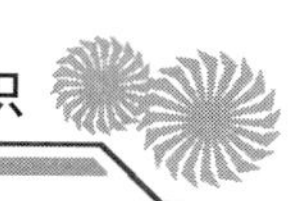

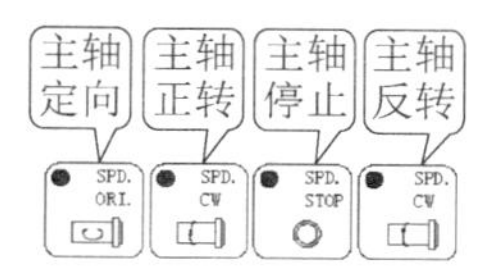

图 0-69　主轴控制开关

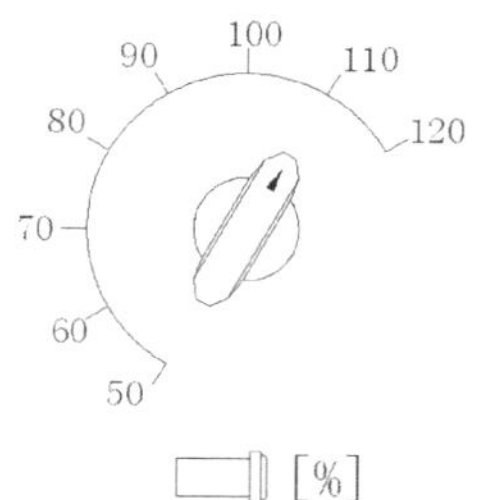

图 0-70　主轴倍率调节旋钮

9）循环启动按钮 CYCLE START，表示程序运行开始。模式选择旋钮在“AUTO”和“MDI”位置时按下有效，其余时间按下无效。

10）进给保持按钮 FEED HOLD，按下此按钮，程序暂停运行，此时主轴保持旋转；按下循环启动按钮 CYCLE START，程序继续运行。

11）回零键 HOME START，用于机床坐标轴回参考点操作，建立机床坐标系，确定机床零点。

12）机床锁住键 MACHINE LOCK，按下此键，机床不移动但显示沿各轴位置的变化，可用于检查程序是否有错误之处

13）*Z* 轴锁住键 Z AXIS CANCEL，程序运行过程中只有 *Z* 轴单独锁住，*X*、*Y* 轴可根据程序指令实现移动，和真实加工毫无区别，用于观察刀具相对于工件的刀路轨迹是否符合程序编写的要求。

14）辅助功能锁住键 AUX LOCK，按下此键，M、S、T、B 代码的指令被锁定，这样就不能执行上述指令。

15）空运行键 DRY RUN，该功能用于检查刀具的实际加工轨迹。空运行的进给速度一般默认为机床设定的最大移动速度。为避免刀具与工件或夹具碰撞，应移除工件，并将工件零点在 *Z* 正方向上平移一个安全高度。

16）单程序段运行键 SINGLE BLOCK，按下此键，按下循环启动按钮 CYCLE START，执行程序中的一个程序段后，程序暂停运行，机床停止移动，如要继续执行下一个程序段，需再按一次循环启动按钮 CYCLE START。

（3）回零操作

数控机床在接通电源后要做回零操作，这是因为机床在断电后，系统失去了对各坐标轴位置的记忆，所以在接通电源后，必须对机床的各坐标轴进行回机床坐标原点的操作，即回零操作。

回零操作的一般步骤是按回零键后，再按 +Z 、 +X 、 +Y 键，机床自动进行回

零。在“回参考点”窗口中可观察是否已回参考点（机械坐标系中各轴均为“0”）。

2．坐标系统

（1）数控机床坐标系的确定原则

1）刀具相对静止、工件运动的原则。这是由于机床结构不同，有的是刀具运动，工件固定；有的是刀具固定，工件运动。采用该原则可使编程人员在不知运动方式的情况下，就可以依据零件图样确定加工的过程。

2）标准坐标系原则。即机床坐标系确定机床上运动的大小与方向，以完成一系列的成形运动和辅助运动，该坐标系为右手笛卡儿直角坐标系。

3）运动方向原则。数控机床坐标轴的正方向规定为刀具远离工件的运动方向。

（2）机床坐标系（MCS）的确定方法

1）*Z* 轴坐标。一般规定机床传递切削力的主轴轴线为 *Z* 坐标（如铣床、钻床、车床、磨床等）；如果机床有几个主轴，则选一垂直于装夹平面的主轴作为主要主轴；如果机床没有主轴（龙门刨床），则规定垂直于工件装夹平面为 *Z* 轴。*Z* 轴一般都是与传递主切削动力的主轴轴线平行的，如卧式数控车床、卧式加工中心，主轴轴线是水平的，故 *Z* 轴分别是左右和前后方向；立式数控车床、立式数控加工中心，主轴是竖直的，故 *Z* 轴分别是上下方向。

2）*X* 轴坐标。*X* 轴坐标一般是水平的，平行于装夹平面。对于工件旋转的机床（如车、磨床等），*X* 轴坐标的方向在工件的径向上；对于刀具旋转的机床，则作如下规定：

① 当 *Z* 轴水平时，从刀具主轴向工件看，正 *X* 方向为右方向。

② 当 *Z* 轴处于铅垂面时，对于单立柱式，从刀具主轴向立柱看，正 *X* 方向为右方向；对于龙门式，从刀具主轴向右侧看，正 *X* 方向为右方向。

3）*Y*、*A*、*B*、*C* 及 *U*、*V*、*W* 等坐标。

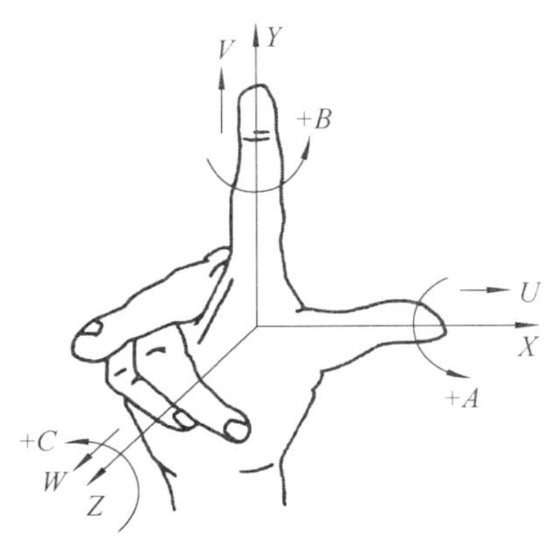

图 0-71　右手笛卡儿坐标系

由右手笛卡儿坐标系来确定 *Y* 坐标，*A*、*B*、*C* 表示绕 *X*、*Y*、*Z* 坐标的旋转运动，正方向按照右手螺旋法则确定，如图 0-71 所示。若有第二直角坐标系，可用 *U*、*V*、*W* 表示。

4）坐标方向判定。当某一坐标上刀具移动时，用不加撇号的字母表示该轴运动的正方向；当某一坐标上工件移动时，则用加撇号的字母（如 A'、X' 等）表示。加与不加撇号所表示的运动方向正好相反。

5）机床原点的设置。机床原点是指在机床上设置的一个固定点，即机床坐标系的原点。它在机床装配、调试时就已确定，是数控机床进行加工运动的基准参考点。在数控铣床上，机床原点一般取在 *X*、*Y*、*Z* 坐

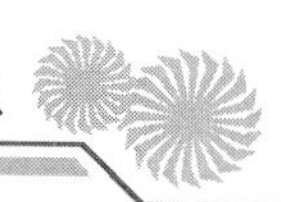

标的正方向极限位置上。

6）机床参考点。机床参考点是对机床运动进行检测和控制的固定位置点。机床参考点的位置是机床制造厂家在每个进给轴上用限位开关精确调整好的，坐标值已输入数控系统中，因此参考点相对于机床原点的坐标是一个已知数。在数控铣床上，通常机床原点和机床参考点是重合的。

（3）工件坐标系（WCS）的确定方法

编程时，为了方便，需要在零件图样上选定一个适当的基准点，并以这个基准点为坐标系原点，建立一个新的笛卡儿坐标系，此坐标系即为工件坐标系。工件坐标系的原点称为工件原点，如图 0-72 所示。

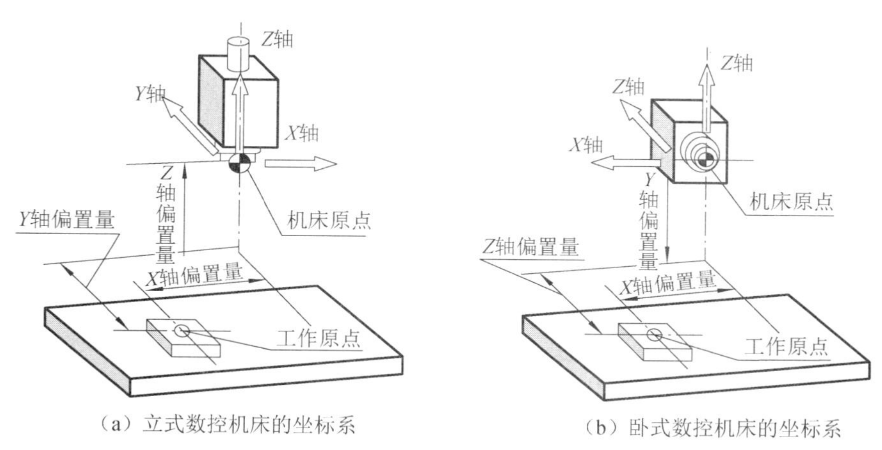

（a）立式数控机床的坐标系　　（b）卧式数控机床的坐标系

图 0-72　机床原点与工件原点的关系

0.3.2　对刀操作与程序输入运行

1. 常用对刀工具

（1）寻边器

寻边器主要用于确定工件坐标系原点在机床坐标系中的 *X* 轴、*Y* 轴坐标，也可以测量工件的简单尺寸。

寻边器有偏心式、机械式和光电式等类型，其中以光电式较为常用。光电式寻边器的测头一般为 10mm 的钢球，用弹簧拉紧在光电式寻边器的测杆上，碰到工件时可以退让，并将电路接通，发出光信号，通过光电式寻边器的指示和机床坐标位置即可得到被测表面的坐标位置。图 0-73 所示是机械式寻边器和光电式寻边器。

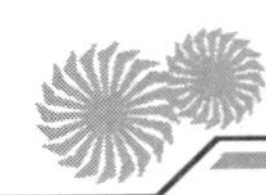

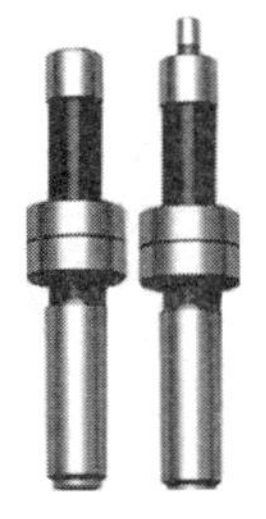

（a）机械式寻边器

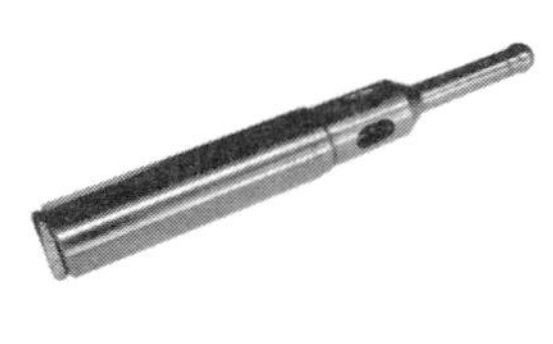

（b）光电式寻边器

图 0-73　寻边器

（2）Z 轴设定仪

Z 轴设定仪主要用于确定工件坐标系原点在机床坐标系中的 Z 轴坐标，或者说是确定刀具在机床坐标系中的高度。

Z 轴设定仪有光电式和指针式等类型，通过光电指示或指针判断刀具与对刀器是否接触，对刀精度一般可达 0.005mm。Z 轴设定仪带有磁性表座，可以牢固地附着在工件或夹具上，其高度一般为 50mm 或 100mm，如图 0-74 所示。

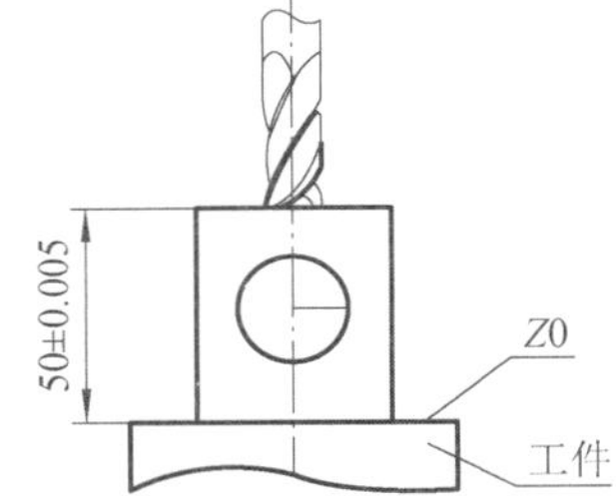

图 0-74　Z 轴设定仪

2. 对刀操作

对 90mm×90mm×30mm 的长方体工件进行对刀，如图 0-75 所示，并将数值输入工件坐标系中，详见视频“数控铣床零件加工过程”。

扫码观看视频

数控铣床
零件加工过程

1）将已经加工好的长方体装夹在机用平口钳中并夹紧，将光电式寻边器通过刀柄装到主轴上。

2）将机床工作方式旋至“手轮”，倍率旋至“100”，移动机床坐标轴，靠近工件。

3）当寻边器距离工件较近时，将倍率旋至“10”，慢慢移动寻边器并靠近工件，如图 0-76 所示，直至灯亮。

4）使寻边器往 $-X$ 方向移动，远离工件，将手轮倍率旋至“1”，再次接近工件，并使寻边器发亮。

5）将相对坐标系里的 X_1 清零，如图 0-77 所示。

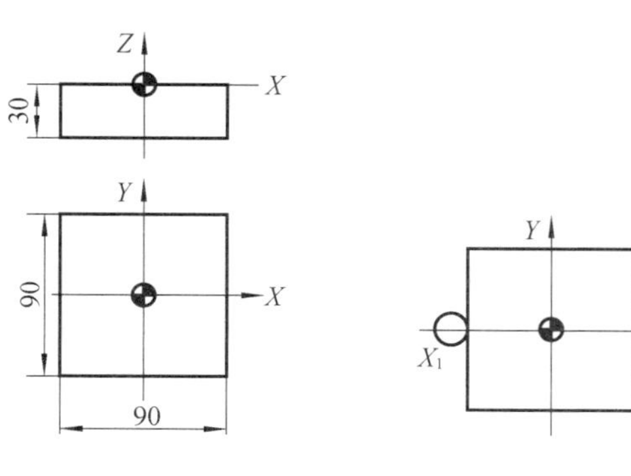

图 0-75　对刀图样　　图 0-76　X 方向对刀 1

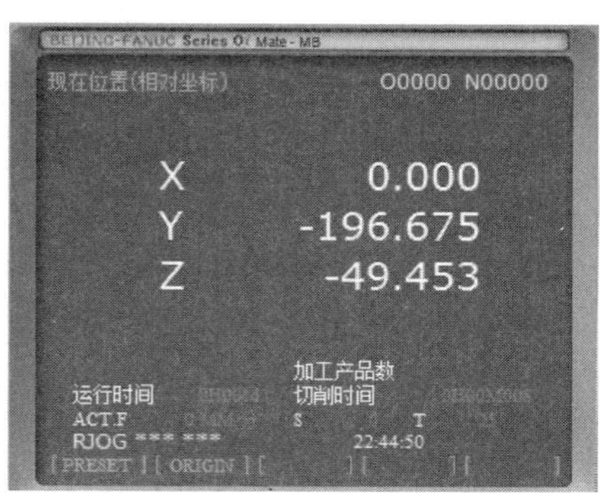

图 0-77　X_1 清零

6）将寻边器往+X 方向移动，以相同方法靠近工件 X 的正方向，并记录下当前相对坐标系里的 X_2 值，如图 0-78 和图 0-79 所示。

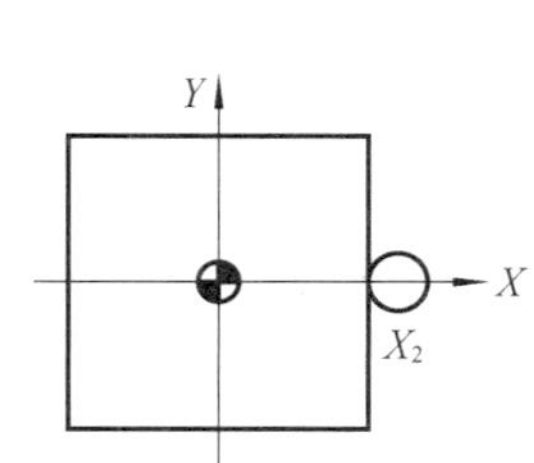

图 0-78　X 方向对刀 2

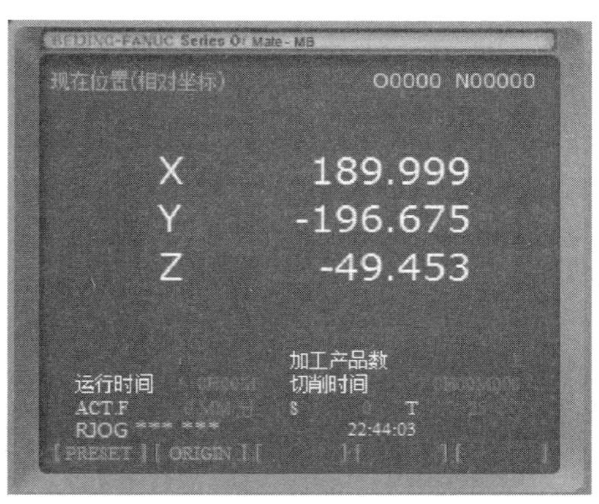

图 0-79　机床显示数据

7）将 X_2 的数值除以 2，将得到的数值输入相应的工件坐标系中，如 G54～G59 中。

8）以相同方法进行 Y 轴方向的对刀，将得到的数值输入工件坐标系中。

9）将机床工作方式旋至“手动”，把寻边器拆下。

10）装入刀具，以便进行 Z 轴方向的对刀。

11）将机床工作方式旋至“手轮”，移动刀具慢慢接近 Z 轴设定仪。

12）当寻边器指针指向“0”时，在工件坐标系中输入 Z50 进行测量，即可得到这把刀具的长度。

13）对刀结束，图 0-80 所示。

图 0-80 数据输入 G54

0.3.3 程序输入运行

将模式选择旋钮转动到 EDIT（编辑）模式，详见视频“数控铣床程序的输入及编辑”。

扫码观看视频

数控铣床程序的输入及编辑

（1）输入程序

1）按 MDI 面板上的程序键 PROG，出现 PROGRAM 画面。

2）输入程序名“O0401”（在机床已有的程序中无此程序名），按 MDI 面板上的插入键 INSERT，然后按地址/数字键 EOB，再按插入键 。

3）输入程序的步骤如下：

① 输入 G17 G90 G53 G40 G00 Z－50，按地址/数字键 EOB 和插入键 INSERT；

② 输入 G54，按地址/数字键 EOB 和插入键 INSERT；

③ 输入 S300 M03，按地址/数字键 EOB 和插入键 INSERT；

④ 输入 G00 X120 Y－25，按地址/数字键 EOB 和插入键 INSERT；

⑤ 输入 G00 Z10，按地址/数字键 EOB 和插入键 INSERT；

⑥ 输入 G01 Z－2 F60，按地址/数字键 EOB 和插入键 INSERT；

⑦ 输入 G01 X－120 F150，按地址/数字键 EOB 和插入键 INSERT；

⑧ 输入 G00 Z50，按地址/数字键 EOB 和插入键 INSERT；

⑨ 输入 G00 X120 Y25，按地址/数字键 EOB 和插入键 INSERT；

⑩ 输入 G01Z－2 F60，按地址/数字键 EOB 和插入键 INSERT；

⑪ 输入 G01 X－120 F150，按地址/数字键 EOB 和插入键 INSERT；

⑫ 输入 G00 Z100，按地址/数字键 EOB 和插入键 INSERT；

⑬ 输入 M05，按地址/数字键 EOB 和插入键 INSERT；

⑭ 输入 M30，按地址/数字键 EOB 和插入键 INSERT；

⑮ 按复位键 RESET，使光标返回首位。

（2）调用程序

输入程序名“O0401”（要加工的程序），按光标键 ↓，即调出程序“O0401”。

（3）模拟运行

将模式选择旋钮转动到（AUTO）（自动）方式。

按下机床操作面板上的辅助功能锁住键 AUX LOCK 和空运行键 DRY RUN，刀具不再移动，但是显示器上沿每一轴运动的位移在变化，可以从坐标值的变化或图形显示判断刀具加工路径是否正确。“图形显示”的步骤如下：

1）按 MDI 面板上的程序键 PROG，输入所要加工的程序名“O0055”，按光标键 ↓，调出所要加工的程序，如光标不在程序首位，按复位键 RESET，使光标返回首位。

2）按图形显示键 CSTM/GR，图形参数屏幕显示如图 0-81 所示。

```
图形参数                                        O0055    N00170
  描画面                    P=          0
     (XY=0,    YZ=1,    XZ=3,    XYZ=4,    ZXY=5)
描画范围                      (最大值)
    X=        9    Y=        5    Z=          300
描画范围                    (最小值)
    X=      -200    Y=      -200    Z=          -300
倍率                      K=       100
画面中心坐标
    X=         -96    Y=         -96    Z=             0
描画终了单节                N=          0
自动消去                    A=          0

                                        OS    80%    L    0%
  JOG    ****    ***    ***         16 : 14 : 46
[  参数  ][  加工图  ][        ][        ][        ]
```

图 0-81　图形参数屏幕显示

3）按软键[加工图]。

4）按循环启动按钮CYCLE START，显示刀具加工路径。

5）通过模拟运行确定程序准确无误后方可开始加工。

0.3.4 回机床原点

将机床操作面板上的辅助功能锁住键AUX LOCK和空运行键DRY RUN释放。

将模式选择旋钮转动到REF（返回机床参考点）模式。

在回原点方式下，按住机床操作面板上X轴方向移动按钮+X（此时X轴将回原点），至X轴回零指示灯亮。同样，再分别按住Y轴、Z轴方向移动按钮+Y和+Z，至Y轴、Z轴回零指示灯亮。

0.3.5 自动加工

将模式选择旋钮转动到AUTO（自动）方式。

1）按MDI面板上的程序键PROG，输入所要加工的程序名“O0055”，按光标键⬇，调出所要加工的程序，如光标不在程序首位，按复位键RESET，使光标返回首位。

2）按图形显示键CSTM/GR，图形参数屏幕显示如图0-81所示。

3）按软键[加工图]，屏幕显示如图0-82所示。

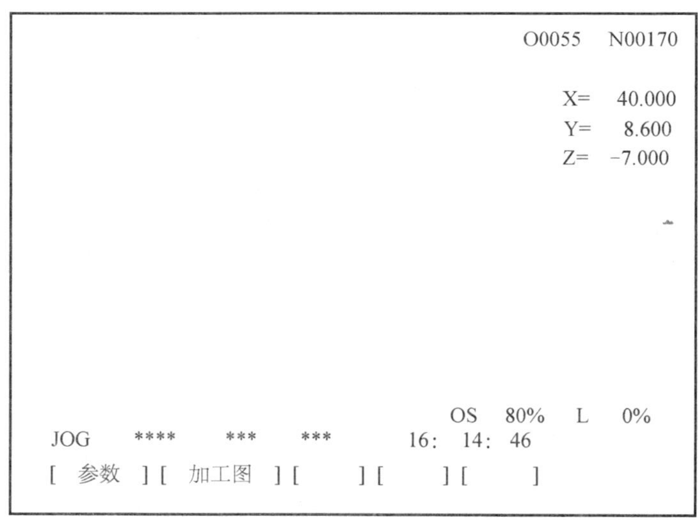

图0-82 加工图屏幕显示

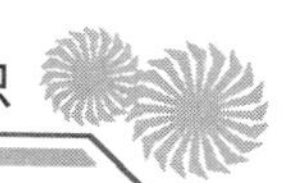

4）按循环启动按钮 CYCLE START ，显示刀具加工路径。

0.3.6　机床的维护和保养

1. 数控机床维护与保养的目的和意义

1）延长平均无故障时间，增加机床的开动率。
2）便于及早发现故障隐患，避免停机损失。
3）保持数控设备的加工精度。

2. 数控机床维护与保养的基本要求

1）在思想上重视维护与保养工作。
2）提高操作人员的综合素质。
3）保证数控机床良好的使用环境。
4）严格遵循正确的操作规程。
5）提高数控机床的开动率。
6）冷静对待机床故障，不可盲目处理。
7）严格执行数控机床管理的规章制度。

3. 数控机床维护与保养的内容

（1）每日保养
1）整理、整顿、清扫机床四周，特别是地面，检查机床有无漏油、漏水。
2）清理铁屑（包括工作台、滑动护罩、机床护板周围等）。
3）清洁操作门玻璃窗、照明工作灯。
4）检查注油机液位（图 0-83）并记录每日耗油量是否正常。
5）检查空气压力是否正常（图 0-84），排除空气过滤器的水（图 0-85）。

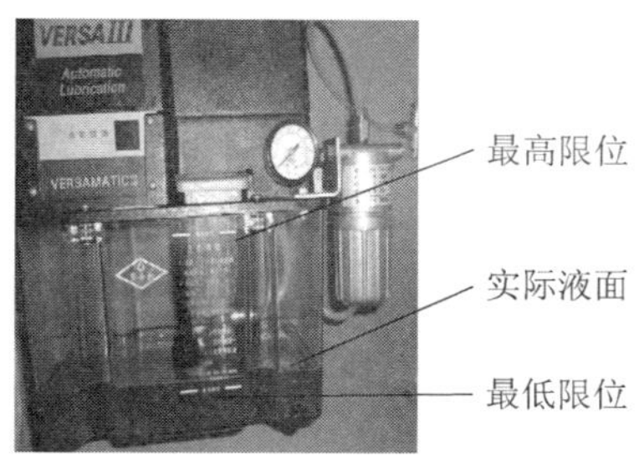

图 0-83　检查注油机液位

图 0-84　检查空气压力表值

6）检查手动松拉刀按钮（图 0-86）和换刀动作是否正常，清洁主轴锥孔（图 0-87）。

7）观察切削液液位（图 0-88），检查排屑机是否堵塞。

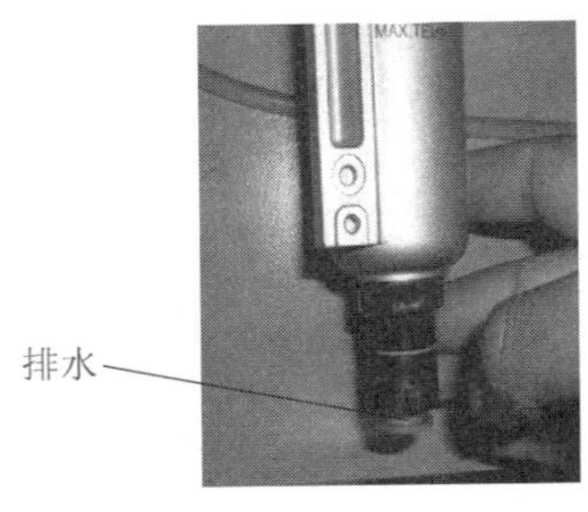

图 0-85　排除空气过滤器的水

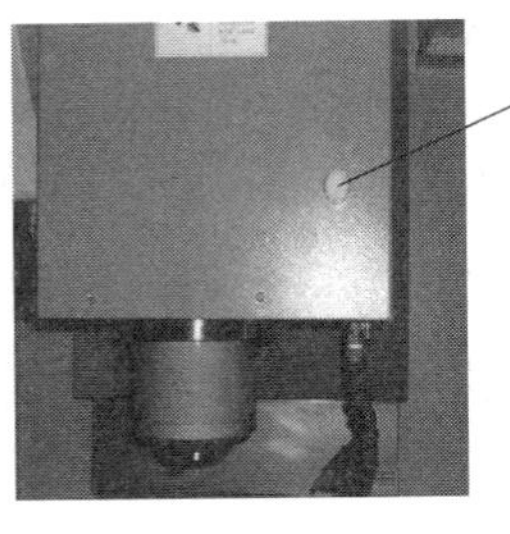

图 0-86　检查松拉刀按钮

图 0-87　清洁主轴锥孔

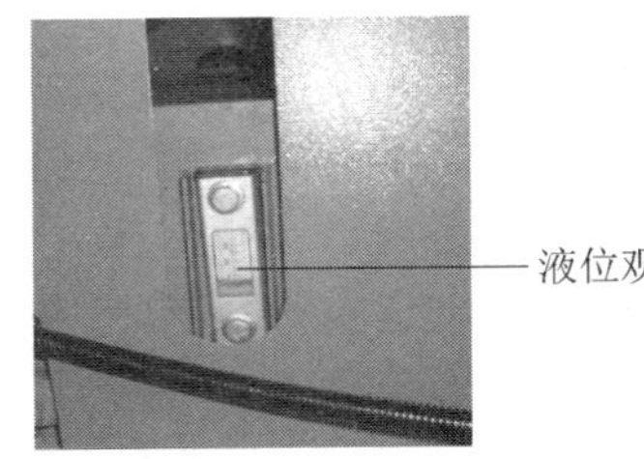

图 0-88　观察切削液液位

8）检查操作面板上的指示灯显示是否正常。

9）检查机床运行有无异声异味。

10）检查机床后面接油盒，及时倾倒废油。

11）检查电气系统、电柜冷却风扇工作是否正常，风道过滤网有无堵塞。

（2）每周保养

1）清洁或更换切削液。

2）检查排屑器，经常清理切屑，检查有无卡住现象。

（3）每月保养

1）清洁主轴冷却单元过滤网（图 0-89），清洁主轴电动机风扇，电气系统如图 0-90 所示。

2）检查 X、Y、Z 轴导轨润滑情形，导轨面必须润滑良好。

3）检查或清洁接近开关。

4）检查排屑机电动机，检查并清洁排屑机过滤网。

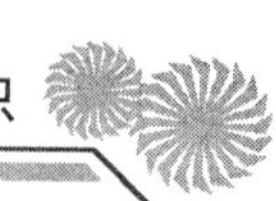

图 0-89　主轴冷却单元过滤网

图 0-90　电气系统

（4）半年保养

1）检查拉刀系统各个部分工作是否正常，关键零件有无磨损或损坏。

2）检查机床水平，有变化应调整机床水平。

3）打开 *X*/*Y* 导轨防护罩，用抹布除去导轨旁边切屑，并用无尘纸将导轨面擦拭干净。注意：不可用气枪清理导轨，以免细小切屑进入导轨中。

4）每半年拆卸并清洗排屑机。

（5）每年保养

1）检查主轴锥孔接触面是否有光滑，有无磨损。

2）检查联轴器自锁螺母（图 0-91），调整丝杆背隙并补偿，调整塞铁间隙。

图 0-91　联轴器

3）清洗润滑油泵滤油器或更换滤油器。

4）检查润滑油油管接头是否良好，有无漏油或损坏。

5）检查电气设备连接螺栓和接头是否紧固。

6）检查气动管路有无泄漏。

7）检查机床重要部件连接是否紧固。

8）检查各项重要精度。

知识拓展

数控设备使用中应注意的问题

1. 数控设备的使用环境要求

为提高数控设备的使用寿命，一般要求避免阳光的直接照射和其他热辐射，避开太潮湿、粉尘过多或有腐蚀气体的场所。精密数控设备要远离振动大的设备，如冲床、锻压设备等。

2. 良好的电源保证

为了避免电源波动幅度大（超出±10%）和可能的瞬间干扰信号等的影响，数控设备一般采用专线供电（如从低压配电室分一路单独供数控机床使用）或增设稳压装置等，这些措施都可减少供电质量的影响和电气干扰。

3. 制定有效操作规程

在数控机床的使用与管理方面，应制定一系列切合实际、行之有效的操作规程。例如，润滑、保养、合理使用及规范的交接班制度等，是数控设备使用及管理的主要内容。制定和遵守操作规程是保证数控机床安全运行的重要措施之一。实践证明，很多故障都可由遵守操作规程而避免。

4. 数控设备不宜长期封存

购买数控机床以后要充分利用，尤其是投入使用的第一年，应使其容易出故障的薄弱环节尽早暴露，以便在保修期内得以排除。加工中，尽量减少数控机床主轴的启闭，以降低对离合器、齿轮等器件的磨损。没有加工任务时，数控机床也要定期通电，最好是每周通电1～2次，每次空运行1h左右，以利用机床本身的发热量来降低机床内的湿度，使电子元件不致受潮，同时也能及时发现有无电池电量不足报警，以防止系统设定参数的丢失。

思考与练习

一、填空题

1. 右手笛卡儿坐标系是指大拇指的方向为________轴的正方向，食指指向________轴的正方向，中指指向________轴的正方向。

2．在机床坐标系中，规定机床传递切削力的________为 Z 轴，而________轴的方向一般为水平方向，平行于装夹平面。同时规定刀具________工件的方向为正方向。

3．数控铣床中常用的操作模式有________、________、________、________、________、________和________。

4．编程时，为了编程方便，需要在零件图样上选定一个适当的基准点，并以这个基准点作为坐标系原点，建立一个新的笛卡儿坐标系，此坐标系即为________坐标系。

5．FANUC-0i 系统在自动运动过程中进给速率的调节范围为________～150%，主轴转速的调节范围为________～________。

6. 自动运行方式下，模式按钮[SINGLE BLOCK]指________，[BLOCK SKIP]指________，[OPTION STOP]指________，而[MACHINE LOCK]指________。

7．常用的对刀工具有________和________。

二、选择题

1．按下机床紧急停止按钮后，通常该按钮是通过（　　）来解锁的。

A．再次按下　　B．向外拔出
C．旋转开关　　D．关机重启

2．下列开关中，用于机床紧急停止的是（　　）

A．[按钮]　　B．[RESET]
C．[HELP]　　D．[POWER OFF]

3．FANUC 系统在（　　）方式下编辑的程序不能被存储。

A．MDI　　B．EDIT
C．DNC　　D．以上均是

4．FANUC-0i 系统中，在程序编辑状态输入“0--9999”后按删除键[DELETE]，则将删除（　　）程序段。

A．删除当前显示的程序　　B．不能删除程序
C．删除存储器中所有程序　　D．出现报警信息

5．机床控制面板上用于程序字更改的按键是（　　）。

A．替换键　　B．插入键
C．删除键　　D．地址/数字键

6．在自行运行的机床锁住模式下，下列动作仍能运行的是（　　）。

A．主轴转速　　B．轴进给
C．JOG 进给　　D．快速移动

7. 快速进给倍率调节旋钮通常有四挡，其中（　　）是最慢的快速进给倍率。

A. F0　　B. F25

C. F50　　D. F100

8. 在程序手工输入过程中出现的报警，通常情况下可通过按软键（　　）来消除。

A. DELETE　　B. RESET

C. CANCER　　D. ALTER

9. 将手轮倍率旋至“100”，手轮旋转 360°，刀具移动的距离为（　　）mm。

A. 0.001　　B. 0.1

C. 10　　D. 100

10. 加工中心在手动返回参考点的过程中，先执行（　　）返回较为合适。

A. *X* 轴　　B. *Y* 轴

C. *Z* 轴　　D. 任意轴

11. 在自动运行状态下，按下进给保持按钮，机床的（　　）功能将停止执行。

A. 主轴转速　　B. 刀具移动

C. 机床冷却、润滑　　D. 以上均是

12. 在 FANUC-0i 系统加工中，通过 MDI 方式编辑执行的程序一般情况下不能超过（　　）。

A. 4 行　　B. 10 行

C. 20 行　　D. 内存容量

13. 大多数数控机床，开机第一步总是先使机床返回参考点，其目的是建立（　　）。

A. 工件坐标系　　B. 机床坐标系

C. 编程坐标系　　D. 工件基准

14. 立式加工中心，工件坐标系 *Z* 方向的原点一般取在工件的（　　）较为合适。

A. 下平面　　B. 上平面

C. 工件对称中心　　D. 任意位置

15. 在自动运行状态下，按下进给保持按钮，机床的（　　）功能将停止执行。

A. 主轴转速　　B. 刀具移动

C. 机床冷却、润滑　　D. 以上均是

三、判断题

1. 编程坐标系是标准坐标系。（　　）

2. 在确定机床坐标系的方向时，永远假定工件相对于静止的刀具而运动。（　　）

3. 机床参考点一定和机床原点重合。（　　）

4. 工件坐标系原点的选择可随心所欲，无规律可循。（　　）

5．回零操作的基本步骤是按回零键后，再按 +X 、 +Y 、 +Z 键，机床自动进行回零。（　）

6．数控机床在手动连续进给模式（JOG）下，不可以同时控制两个轴的手动进给来加工一些成形面或圆弧面。（　）

7．通常情况下，手摇脉冲发生器顺时针转动方向为刀具进给的正方向，逆时针转动方向为刀具进给的负方向。（　）

8．加工中心 Z 向返回参考点后，如继续手动向该轴的负方向移动，则不会产生超程报警。（　）

9．数控机床空运行主要用于检查刀具轨迹的正确性。（　）

10．当程序保护开关处于“OFF”位置时，即使在编辑（EDIT）模式下也不能对数控程序进行编辑操作。（　）

项目 1

数控铣削单一轮廓的编程与加工

项目概述

本项目通过典型的单一轮廓零件的编程和加工，使学生了解并掌握编写数控铣削加工程序需要具备的基本知识和能力，以及数控铣削加工工艺和加工方法，包括编程过程中要考虑的加工因素，程序的基本结构和组成，数控指令的类型和总体使用规范，M功能指令、T 功能指令、F 指令、S 指令的使用方法，工件坐标系的建立过程和使用的指令。

项目目标

- 掌握数控铣削常用指令的功能和用法。
- 能完成简单程序的编制和调试。
- 建立粗、精加工工艺概念。
- 掌握粗铣走刀路线的选择，合理选用切削用量，正确使用粗铣循环。

技能目标

- 能运用编程指令完成零件加工程序的编制。
- 能进行机床操作并完成零件的加工。
- 能完成零件的质量检验和质量分析。

规范标准

- 《数控铣工国家职业标准》。

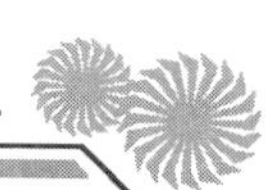

任务 1.1　直线型零件的编程与加工

任务描述

最常见的长方体（图 1-1）是一般工件都要具备的平面和形位特征，本任务将通过该零件的加工，使学生学习数控铣床的基本编程指令和直线走刀路线方式的加工方法，以及相关工艺知识。

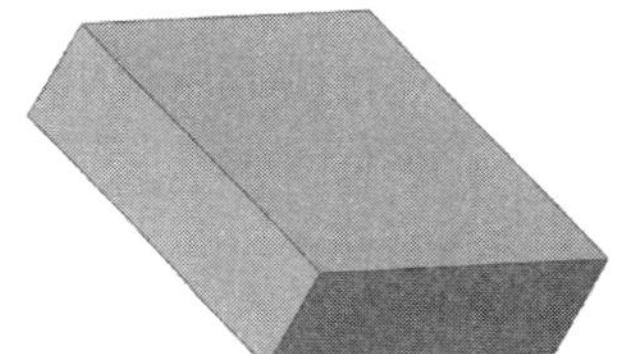

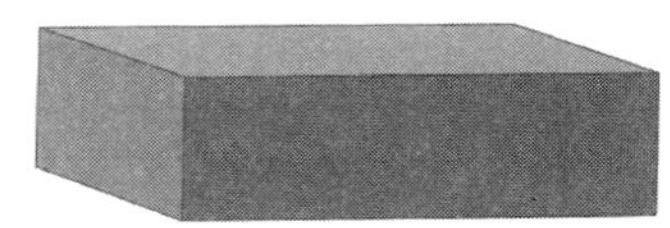

图 1-1　长方体

任务目标

1. 掌握 N、F、S、T、M、G 等七大类型程序字功能。
2. 掌握 G00、G01、M 指令及应用。
3. 会编制完整数控加工程序。
4. 熟练掌握试切法对刀。
5. 完成零件的加工和测量。

1.1.1　工艺分析

1. 图样分析

加工零件时，通常都会碰到这样的情况：毛坯材料的表面凹凸不平，比较粗糙，需要先加工出一个表面，作为定位装夹的基准面，然后再采用“互为基准”的原则，加工出另外的表面。本任务以铣削某零件的上表面为例，如图 1-2 所示。

该零件材料为 45 钢，毛坯尺寸（长×宽×高）为 100mm×100mm×20mm。零件表面粗糙度要求为 *Ra* 1.6μm，可采用硬质合金端铣刀进行端铣的方案。

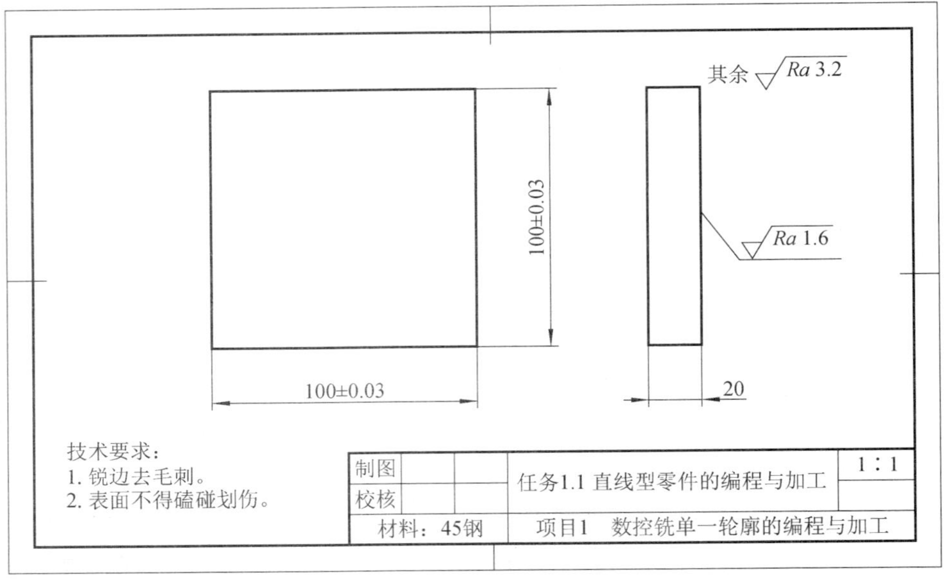

图 1-2　任务 1.1 的图样

2. 编制工艺卡

（1）确定装夹方案

选用机用平口钳装夹，下垫垫铁，如图 1-3 所示。

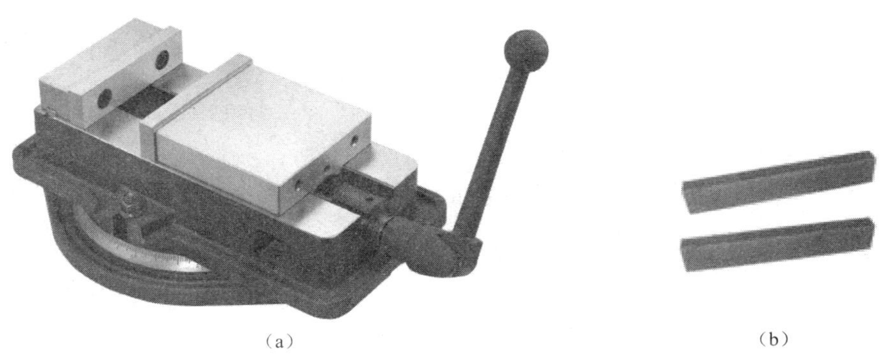

（a）　　（b）

图 1-3　机用平口钳

（2）刀柄与刀具选择

本任务选择ϕ80mm 硬质合金可转位式面铣刀，如图 1-4 所示。

本任务选择 BT40 面铣刀刀柄（图 1-5）与ϕ80 mm 硬质合金可转位式面铣刀进行装配。

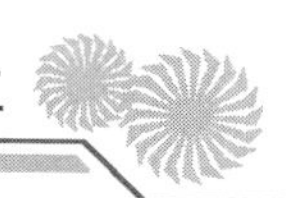

图 1-6 为 BT40 数控铣刀柄拉钉，铣刀刀柄与数控铣刀拉钉装配后，方可装入数控铣床。

图 1-4　硬质合金可转位式面铣刀

图 1-5　BT40 面铣刀刀柄

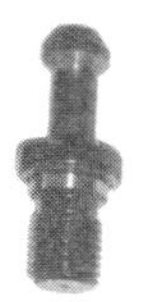

图 1-6　BT40 数控铣刀柄拉钉

刀柄与刀具的装配过程如图 1-7 所示。

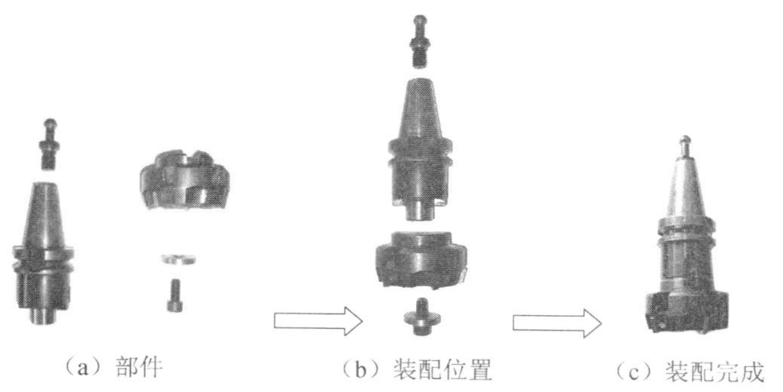

图 1-7　任务 1.1 的刀柄与刀具装配过程

（3）铣削用量选择

确定主轴转速时，查表 1-1，硬质合金端铣刀加工铸铁时的切削速度为 45～90 m/min，取 $V_c=70$ m/min。然后根据铣刀直径和公式 $n=1000V_c/\pi D$ 计算主轴转速，并填入加工工艺卡（若机床为有级调速，应选择与计算结果接近的转速）。

$$n=\frac{1000V_c}{\pi D}=\frac{1000\times 70}{\pi\times 80}\approx 279\ \text{（r/min）}$$

取 n=300 r/min。

表 1-1　铣削时的铣削速度推荐值　　单位：m/min

刀具材料	碳钢	合金钢	工具钢	灰铸铁	可锻铸铁
高速钢	15～36	12～27	15～23	15～21	15～36
硬质合金	54～115	55～100	60～83	45～90	40～90

确定进给速度 F 时，根据铣刀齿数 Z（Z=5）、主轴转速和切削用量手册中给出的每齿进给量 f_Z，查表 1-2 知，硬质合金端铣刀加工铸铁时每齿进给量为 0.1～0.5mm，取 f_Z=0.1mm，利用公式 $F=f_Z\times Z\times n$ 计算进给速度，并填入加工工艺卡中。

$$F = f_Z \times Z \times n = 0.1 \times 5 \times 300 = 150 \quad (\text{mm/min})$$

取 F=150 mm/min。

表 1-2 铣刀的每齿进给量 单位：mm

刀具材料	铣刀类型	被加工材料				
		碳钢	合金钢	工具钢	灰铸铁	可锻铸铁
高速钢	端铣刀	0.1～0.3	0.07～0.25	0.07～0.2	0.1～0.35	0.1～0.4
	三面刃铣刀	0.05～0.2	0.05～0.2	0.05～0.15	0.07～0.25	0.07～0.25
	立铣刀（键槽铣刀）	0.03～0.15	0.02～0.1	0.025～0.1	0.07～0.18	0.05～0.20
	圆柱铣刀	0.07～0.2	0.05～0.2	0.05～0.15	0.1～0.3	0.1～0.35
硬质合金	端铣刀	0.10～0.3	0.075～0.2	0.07～0.25	0.1～0.5	0.1～0.4
	三面刃铣刀	0.10～0.3	0.05～0.25	0.05～0.25	0.125～0.3	0.1～0.3

（4）加工路线的设计

本零件可以采用单向或双向加工。单向加工能提高加工质量，但效率较低；双向加工效率较高，但加工质量较低。由于本次加工区域不大，粗糙度要求较高，因此采用单向加工。加工路线的设计如图 1-8 所示，图中细实线圆为刀具。

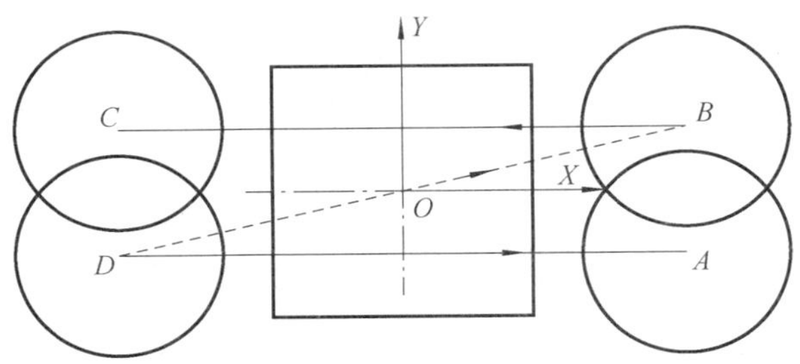

图 1-8 任务 2.1 的刀具加工路线

（5）制订工艺卡填写

根据加工工艺制订加工工艺卡，见表 1-3。

表 1-3 平面铣削加工工艺卡

工序	加工内容	刀具类型	主轴转速/（r/min）	进给速度/（mm/min）	背吃刀量/mm
1	平面铣削	ϕ80mm 面铣刀	300	150	2

1.1.2 程序编制

1. 加工前的准备

针对任务零件，其最大外形尺寸为 100mm×100mm，而且加工精度要求不是太高，常用的数控铣床基本都能满足以上要求。故选用 FANUC-0i-M 系列经济型系统，型号

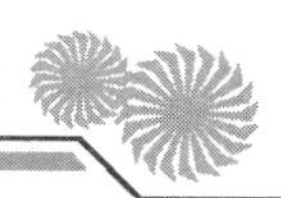

VC600，最高转速 6000r/min，工作行程 500mm×600mm×300mm，如图 1-9 所示。加工准备清单见表 1-4。

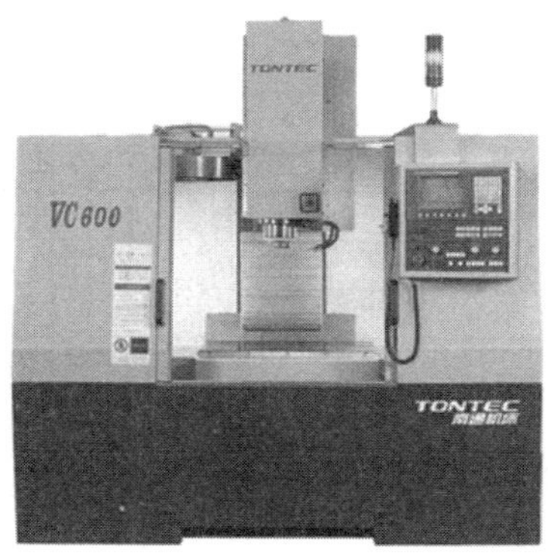

图 1-9　数控铣床

表 1-4　平面铣削准备清单

项目	序号	名称	型号	数量
基本配置	1	数控铣床	VC600	2～4 人/台
	2	机用平口钳	QM 16160	1 个/台
	3	扳手	平口钳扳手	1 个/台
	4	百分表	0.01mm	1 个/台
	5	面铣刀	ϕ80mm	1 把/台

2. 加工程序的编制

根据加工工艺卡，完成加工程序的编制，参考程序见表 1-5。

表 1-5　平面铣削参考程序

程序	说明
O0401;	程序名
N10 G17 G90 G53 G40 G00 Z-50;	程序初始化，包括切削平面指令，绝对编程 G90，选择机床坐标系 G53，取消刀具半径补偿，快速定位到机床零点下 50 的地方
N20 G54;	选择工件坐标系 G54
N30 S300 M03;	主轴正转，转速为 300r/min
N40 G00 X120 Y-25;	刀具 *XY* 方向快速定位到工件坐标系（120，-25）的地方
N50 G00 Z10;	刀具 *Z* 方向快速定位到工件坐标系零点以上 10 的地方
N60 G01 Z-2 F60;	刀具 *Z* 方向直线插补到工件坐标系零点以下 2 的地方，插补速度为 60mm/min
N70 G01 X-120 F150;	在 *XY* 平面从点 *A*（120，-25，-2）直线插补到点 *D*（-120，-25，-2），插补速度为 150mm/min
N80 G00 Z10;	刀具 *Z* 方向快速定位到工件坐标系零点以上 10 的地方

续表

程序	说明
N90 G00 X120 Y25;	在 XY 平面从点（-120，-25，10）快速定位到点（120，25，10）
N100 G01Z-2 F60;	刀具 Z 方向直线插补到工件坐标系零点以下 2 的地方，插补速度为 60mm/min
N110 G01 X-120 F150;	在 XY 平面从点 B（120，25，-2）直线插补到点 C（-120，25，-2），插补速度为 150mm/min
N120 G00 Z100;	刀具 Z 方向快速定位到工件坐标系零点以上 100 的地方
N130 M05;	主轴停止，此时机床主轴停止转动
N140 M30;	程序结束
%	程序结束符

1.1.3 零件加工

（1）零件自动运行前的准备

由教师完成刀具和工件的安装，校正安装好的工件，学生观察老师的动作。学生完成程序的输入、编辑，采用机床锁住、空运行和图形显示功能进行程序校验。零件的加工操作见视频“直线型零件的加工操作”。

（2）自动运行

自动运行操作的操作流程及运行检视画面如图 1-10 所示，操作步骤如下。

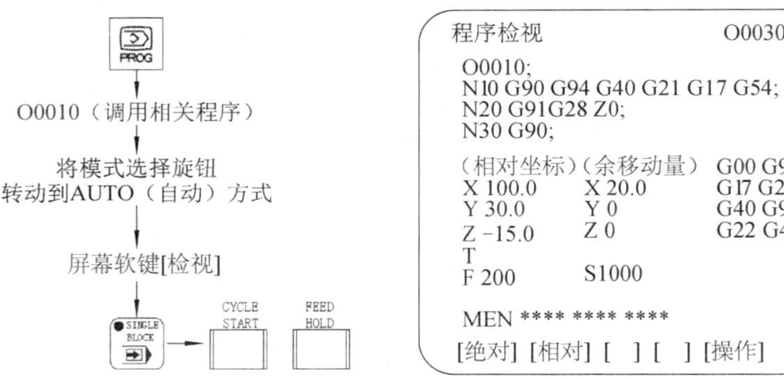

图 1-10 自动运行操作流程及运行检视画面

1）按程序键 PROG，调用刚才输入的程序 O0010。

2）将模式选择旋钮转动到 AUTO（自动）方式。

3）按软键[检视]，使屏幕显示正在执行的程序及坐标。

4）按单步运行按钮 SINGLE BLOCK，再按循环启动按钮 CYCLE START 进行自动加工。

（3）操作过程中出错的解决方案

1）按进给保持按钮 FEED HOLD 使程序暂停，该操作主要用于再次确认刀具的运行轨迹及运

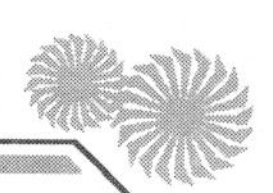

行的后续程序是否正确。

2）按 MDI 面板上复位键使程序停止执行，机床恢复到初始状态。该操作主要用于发现程序出错或刀具轨迹出错后的操作。

3）按紧急停止按钮。该操作主要用于机床将出现危险事故时的操作，通常情况下，按下紧急停止按钮后，需重新进行回参考点操作。

注意：在首件自动运行加工时，操作者通常是一手放在循环启动按钮上，另一手放在进给保持按钮上，眼睛时刻观察刀具运行轨迹和加工程序，以保证加工安全。

1.1.4　操作测评

本任务的任务评价表见表 1-6。

表 1-6　平面铣削任务评价表

项目与权重	序号	技术要求	配分	评分标准	检测记录	得分
加工操作（20%）	1	（100±0.03）mm	10	超差 0.01 扣 2 分		
	2	表面粗糙度好	10	超差扣 2 分/处		
程序与加工工艺（30%）	3	程序格式规范	10	不规范扣 2 分/处		
	4	程序正确、完整	10	不正确扣 2 分/处		
	5	工艺合理	5	不合理扣 1 分/处		
	6	程序参数合理	5	不合理扣 1 分/处		
机床操作（30%）	7	对刀及坐标系设定	10	不正确扣 2 分/次		
	8	机床面板操作正确	10	不正确扣 2 分/次		
	9	手摇操作不出错	5	不正确扣 2 分/次		
	10	意外情况处理合理	5	不合理扣 2 分/次		
安全文明生产（20%）	11	安全操作	10	不合格全扣		
	12	机床整理	10	不合格全扣		

1.1.5　相关知识

下面主要介绍平面铣削工艺与长方体的铣削，详见视频“平面铣削工艺与长方体的铣削编程指令”。

扫码观看视频

平面铣削工艺与长方体的铣削编程指令

1. 平面铣削工艺

在数控铣床上进行平面加工是指被加工件的加工表面平行于数控坐标轴。若被加工工件的加工表面与数控坐标轴成一定角度，这样的平面在数控加工中被定义为空间平面，属于三维加工。这里的平面铣削是指二维平面加工。图 1-11 所示为常见的平面类型。

（1）平面铣削的方法

在各个方向上都呈直线的面称为平面。平面是组成机械零件的基本表面之一，其质量用平面度和表面粗糙度来衡量。平面大部分是在数控铣床上加工的，在数控铣床上获得平面的方法有两种，即周铣与端铣，如图 1-12 所示。

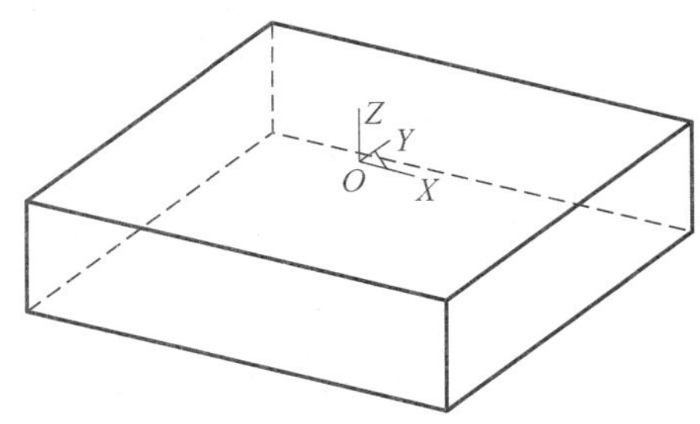

图 1-11　加工平面

（a）周铣

（b）端铣

图 1-12　平面铣削的方法

周铣是指利用分布在铣刀圆柱面上的切削刃来形成平面（或表面）的铣削方法。端铣是指利用分布在铣刀端面上的端面切削刃来形成平面的铣削方法。

端铣与周铣相比，其优点是刀轴比较短，铣刀直径比较大，工作时同时参加切削的刀齿较多，铣削时较平稳，铣削用量可适当增大，切削刃磨损较慢，能一次铣出较宽的平面。缺点是一次的铣削深度一般不及周铣。在相同的铣削用量条件下，一般端铣比周铣获得的表面粗糙度要好。

需要注意的是用立铣刀周铣时，同时可以对零件的底面进行加工。

（2）平面铣削的走刀路线

铣削平面的宽度大于面铣刀时，一次进给不能完全加工，要进行多次进给，这就涉及走刀路线。平面铣削走刀路线的分类比较简单，一般有单向进给和往复进给两种方式。

在平面加工中，安排合理的走刀路线是保证加工质量很重要的一个方面。粗铣时为提高加工效率经常采用往返双向加工的走刀方式，背吃刀量可以选择 1.5～3mm，铣削宽度可以选择 0.6～0.8*D*（*D* 为平面铣刀直径），如图 1-13（a）所示，切削间可以矩形

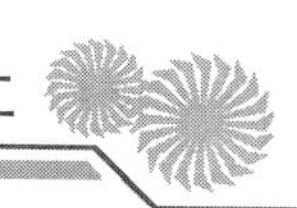

移动也可以采用圆弧移动；精铣时采用单向铣削的方式，铣削宽度尽量不超过 0.5*D*（*D* 为平面铣刀直径），根据实际的需要选择精加工余量，精加工余量过大或过小都影响表面粗糙度，并且采用顺铣的方式铣削，如图 1-13（b）所示。另外，选择切削液不当或使用不当，加工中的停顿或工件材料热处理不当，都可能影响到加工后的表面粗糙度。

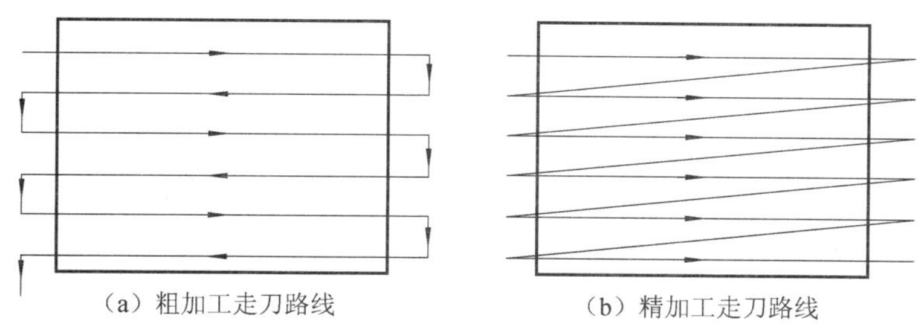

图 1-13　走刀路线

2. 长方体的铣削

长方体有 6 个平面，如图 1-14 所示。两两相对的平面互相平行，相邻的平面互相垂直。在加工中，为达到相应的平行度和垂直度，必须制订一个合理的加工方案。本着基面先行的原则，首先以粗基准面为基准加工半精基准面，加工中如果使用机用平口钳装夹工件则改面接触为线接触，以保证基准平面与待加工平面的垂直度；然后本着互为基准的原则，以半精基准平面为基准加工精基准平面；最后以精基准平面为基准加工其他平面。具体步骤如图 1-15 所示。

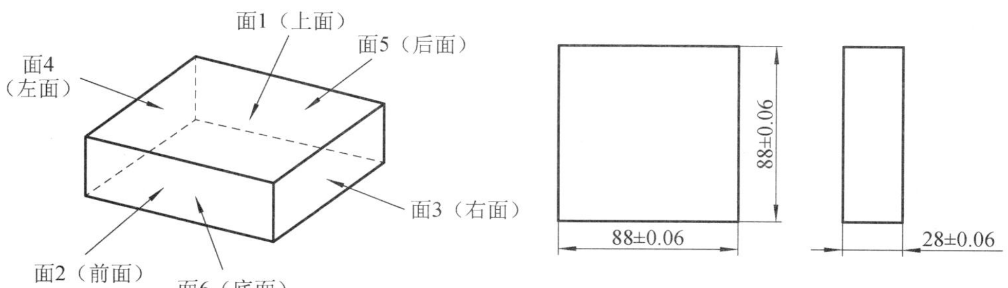

图 1-14　零件毛坯

（1）加工长方体面 1

铣削工件面 1 约 0.5mm 深。

（2）加工长方体面 2

拆卸工件去除工件毛刺，选择合适的等高垫铁，使工件面 1 与机用平口钳的（*X* 方向）固定钳口相结合夹紧约 60mm，露出约 30mm，稍夹紧后用百分表校正工件面 1 *Z*

方向的垂直度和 X 方向的平行度，锁紧机用平口钳夹紧工件。铣削工件面 2 约 0.5mm 深。

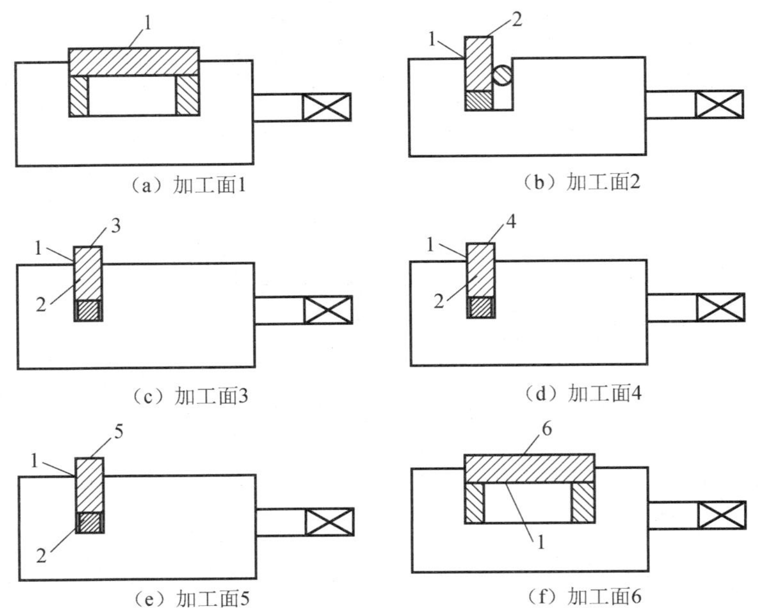

图 1-15 机用平口钳安装工件

（3）加工长方体面 3

拆卸工件去除工件毛刺，选择合适的等高垫铁，使工件面 1 与机用平口钳的固定钳口相结合，面 2 垂直于钳口，稍夹紧后用百分表校正工件面 1 X 方向的平行度和面 2 Z 方向的垂直度，锁紧机用平口钳夹紧工件。铣削工件面 3 约 0.5mm 深。

（4）加工长方体面 4

拆卸工件去除工件毛刺，选择合适的等高垫铁，使工件面 1 与平口钳的固定面相结合，面 2 垂直于钳口，面 3 充分与等高垫铁接触，稍夹紧后用百分表校正工件面 1 X 方向的平行度和面 2 的垂直度，锁紧机用平口钳夹紧工件。粗、精铣削工件面 4，测量并控制尺寸。

（5）加工长方体面 5

拆卸工件去除工件毛刺，选择合适的等高垫铁，使工件面 1 与平口钳的固定面相结合，面 2 充分与等高垫铁接触，面 3、面 4 垂直于钳口，稍夹紧后用百分表校正工件面 1 X 方向的平行度和面 3（或面 4）Z 方向的垂直度，锁紧机用平口钳夹紧工件。粗、精铣削工件面 5，测量并控制尺寸。

（6）加工长方体面 6

拆卸工件去除工件毛刺，选择合适的等高垫铁，使工件面 2 与机用平口钳的固定面

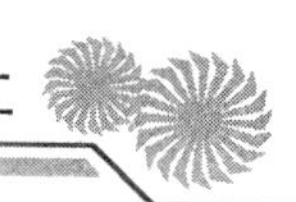

相结合，面 1 充分与等高垫铁接触，面 3、面 4 垂直于钳口，稍夹紧后用百分表校正工件面 3（或面 4）*X* 方向的垂直度和 *Y* 方向的平行度，锁紧机用平口钳夹紧工件。粗、精铣削工件面 6，测量并控制尺寸。

3. 编程指令

（1）程序的格式

程序由程序名、程序体、程序结束符组成。

1）程序名的组成。程序名由大写字母 O 和四位阿拉伯数字组成，如 O1256、O5678 等。值得注意的是，O9000 以后的程序名尽量不要用，因为 9000 以后的程序一般都是出厂时已经存储好的，所以尽量避免与其重复。

2）程序体的组成。程序体由程序段组成，程序段由若干个指令字组成，每一个指令字又由地址符和数字组成，如 N10 G90 G54 G00 X100 Y100 Z100 S600 M03。

3）程序结束符，如 M02、M30、M99。

（2）模态代码与非模态代码

1）模态代码是指某些指令在程序中一旦指定，则其功能一直有效，直到被同一组的其他代码功能所代替，如 G00、G01、G02、G03、G90、G91 等。

2）非模态代码是指某些指令的功能只在一个程序段中有效，如 G04 等。

（3）指令格式及功能

1）绝对坐标指令（G90）。

指令格式：

```
G90;
```

G90 为绝对坐标指令。该指令表示程序段中的编程尺寸是按绝对坐标给定的，所有坐标地址字符后紧跟的尺寸数字都是相对于编程原点（又称工件原点）给定的。

2）相对坐标指令（G91）。

指令格式：

```
G91;
```

G91 为相对坐标指令，也称增量坐标指令。该指令表示程序段中的编程尺寸是按相对坐标给定的，即程序段中地址字符后紧跟的尺寸都是相对于前一个点给定的。

3）选择机床坐标系指令（G53）。

指令格式：

```
(G90) G53 X__Y__Z__;
```

当指令机床坐标系上的位置时，刀具快速移动到该位置。用于选择机床坐标系 G53 的是非模态 G 代码，即它仅在指令机床坐标系的程序段有效。对 G53，应指定绝对值

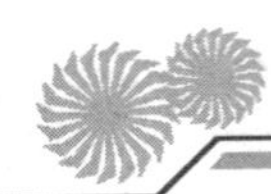

(G90)。例如，换刀位置应该用 G53 编制在机床坐标系中移动的程序。

4）工件坐标系选择指令。G54、G55、G56、G57、G58、G59 用于选择一个坐标系。通过使用 G54～G59 命令，将机床坐标系的一个任意点（工件原点偏移值）赋予机床控制器的对应参数中，并设置工件坐标系（1～6）。

在接通电源和完成原点返回后，系统自动选择工件坐标系 1（G54）。在没有其他坐标系选择指令对这些坐标做出改变之前，它们将保持其有效性。

运行选择坐标系指令，将在工件原点建立工件坐标系，以后所有运行的程序都将以这一点作为原点。

5）坐标平面指令。G17、G18、G19 为坐标平面指令。它们分别表示在 *XY*、*ZX*、*YZ* 坐标平面内进行加工，程序段中的坐标地址符应按坐标平面指令来书写。通常情况下，程序应在 *XY* 坐标平面内进行加工，即使用 G17 指令。

6）快速定位指令（G00）。

指令格式：

```
G00 X__Y__Z__;
```

G00 指令将刀具以快速移动速度移动到用绝对坐标指令或相对坐标指令指定的工件坐标系中的位置。以绝对坐标指令指定的坐标系，用终点的坐标值编程；以相对坐标指令指定的坐标系，用刀具的移动距离来编程。

通过设定相关参数可以选择下面两种刀具轨迹之一。

① 非直线插补定位：刀具分别以每轴的快速移动速度定位。刀具的轨迹一般不是直线。

② 直线插补定位：刀具轨迹与直线插补相同。刀具以不超过每轴的快速移动速度，在最短的时间内定位。

G00 指令中的快速移动速度由机床制造厂商对每个轴单独设定到参数中。G00 指令的定位方式为在程序段的开始刀具加速到预定的速度，而在程序段的终点减速。应注意的是，进给速度 *F* 对 G00 程序无效。

7）直线插补指令（G01）。

指令格式：

```
G01 X__Y__Z__ F__;
```

G01 指令将刀具以直线形式按 F 代码指定的速率从当前位置移动到命令要求的位置。其特点是，既可单坐标又可两坐标（或三坐标）间以插补联动方式，按指定的进给速度 *F* 做任意斜率的直线运动。对于省略的坐标轴，不执行移动操作，而只指定轴执行直线移动。位移速率是命令中指定轴的速率的复合速率。

G01 指令中应给出进给速度 *F* 值，F 为模态代码，即由 F 指令的进给速度直到变为

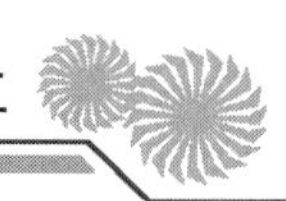

新的值之前均有效，因此不必每个程序段均指定一次。

8）辅助功能代码（M 功能）。当在地址 M 之后指定数值时，代码信号和通信信号被送到机床。机床使用这些信号去接通或断开它的各种功能。通常，在一个程序段中仅能指定一个 M 代码。常用 M 代码的功能见表 1-7。

表 1-7 常用 M 代码的功能

M 代码	功能	说明
M00	程序停止	在包含 M00 的程序段执行之后，自动运行停止。当程序停止时，所有存在的模态信息保持不变。用循环启动使自动运行重新开始
M02，M30	程序结束	这两个代码表示主程序的结束，自动运行停止。在指定程序结束的程序段执行之后，控制返回到程序的开头
M01	选择停止	与 M00 类似，在包含 M01 的程序段执行以后，自动运行停止。只有当机床操作面板上的任选停机的开关置 1 时，这个代码才有效
M03	主轴正转	从上往下看主轴，主轴顺时针方向转动
M04	主轴反转	从上往下看主轴，主轴逆时针方向转动
M05	主轴停止	该代码停止主轴转动。当主轴需要改变旋转方向时，要用 M05 代码先停止主轴转动，然后再规定 M03 或 M04 代码
M98	调用子程序	这个代码用于调用子程序
M99	子程序结束	这个代码表示子程序结束，使子程序返回到主程序
M198	调用子程序	这个代码用于外部输入/输出功能中调用文件的子程序
M08	切削液开	
M09	切削液关	

1.1.6 注意事项及问题和探究

1. 注意事项

1）钳口及垫铁表面在装夹前应清洁干净。

2）装刀时要清洁刀柄外锥和主轴内锥孔，确保没有杂物在两接触面上，以免影响刀具回转精度，引起加工不稳定。

3）工件应紧贴垫铁，用手扳动垫铁不能有松动。

4）面铣刀粗铣时，产生的切削力较大，为减小切削扭矩，铣刀直径应小些；精铣时，铣刀直径应大些，尽量包容工件的整个加工宽度，以提高加工精度和效率。

5）面铣刀铣削时的冲击较大，过快地使刀刃切入工件，容易崩刃。因此，试切对刀时，宜使用手摇脉冲发生器控制刀具慢速进给。

2. 问题和探究

通过保证垂直度和平行度及平行面之间尺寸精度，可以保证垂直面和平行面的加工质量。

（1）保证垂直度和平行度的方法

1）夹紧力不能过大，否则会造成工件变形，使加工平面与基准面不垂直或不平行。

2）端铣时要注意机用平口钳固定钳口的校正，否则会影响加工端面与基准面的垂直度。

（2）保证平行面之间尺寸精度的方法

1）工件在单件生产时，一般按“铣削→测量→铣削”循环进行，一直到尺寸准确为止。需要注意的是，在粗铣时铣刀抬起或偏让量与精铣时不相等，在控制尺寸时要考虑这个因素。

2）当尺寸精度的要求较高时，则需在粗铣后再进行一次半精铣，余量以 0.5 mm 左右为宜，再根据余量决定精铣时工件台上升的距离。在上升工作台时，可借助百分表控制移动量。

3）粗铣或半精铣后测量工件尺寸时，在条件允许的情况下，最好不把工件拆下，而在工作台上测量。

知识拓展

轴类零件的装夹与校正

对于轴类零件，无法采用机用平口钳或者压板装夹时，通常采用卡盘、分度头、四轴转台上自带的卡盘进行装夹。

卡盘根据卡爪的数量分为二爪卡盘、自定心卡盘、单动卡盘和六爪卡盘等几种类型。在数控车床和数控铣床上应用较多的是自定心卡盘和单动卡盘，如图 1-16 所示。特别是自定心卡盘，由于其具有自动定心作用和装夹简单的特点，因此，中小型圆柱形工件在数控铣床或数控车床上加工时，常采用自定心卡盘进行装夹。卡盘的夹紧有机械螺旋式、气动式或液压式等多种形式。

采用卡盘装夹时，先将卡盘固定在工作台上，保证卡盘的中心与工作台面垂直。自定心卡盘装夹圆柱形工件的找正如图 1-17 所示。将百分表固定在主轴上，触头接触外圆侧母线，上下移动主轴，根据百分表的读数用铜棒轻敲工件进行调整，当主轴上下移动过程中百分表读数不变时，表示工件母线平行于 Z 轴。

当找正工件外圆圆心时，可手动旋转主轴，根据百分表的读数在 XY 平面内手摇移动工件，直至手动旋转主轴时百分表读数不变，此时，工件中心与主轴轴心

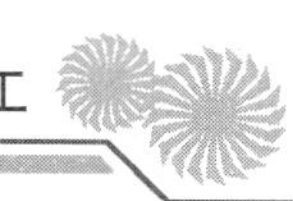

同轴，记下此时的 X、Y 机床坐标系的坐标值，可将该点（圆柱中心）设为工件坐标系 XY 平面的编程原点。内孔中心的找正方法与外圆圆心找正方法相同。

（a）自定心卡盘

（b）单动卡盘

图 1-16　卡盘

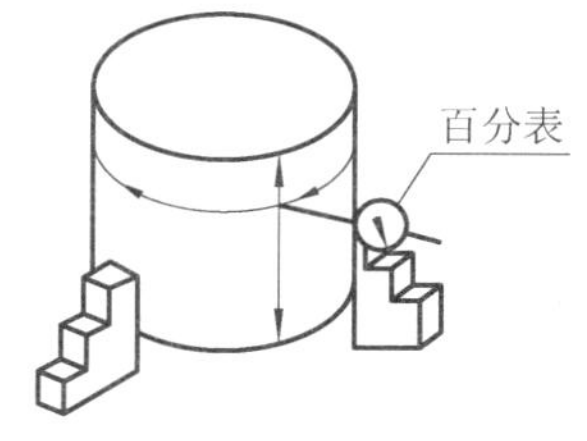

图 1-17　自定心卡盘装夹找正

对于需要采用分度或四轴联动加工的零件，通常采用图 1-18 所示分度头或图 1-19 所示四轴旋转工作台进行装夹。

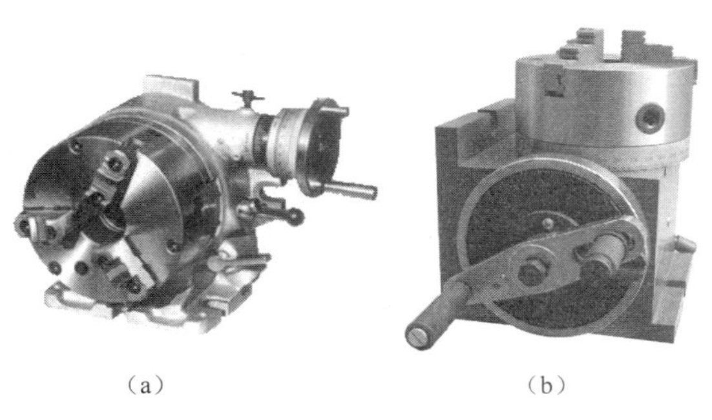

（a）　　（b）

图 1-18　分度头

图 1-19　四轴旋转工作台

分度头是数控铣床或普通铣床的主要部件。在机械加工中，常用的分度头有万能分度头、简单分度头、直接分度头等，但这些分度头普遍分度精度不高。因此，为了提高分度精度，数控机床上还采用投影光学分度头和数显分度头等对精密零件进行分度。四轴旋转工作台既可直接通过压板装夹工件，也可先在工作台上安装卡盘，再通过卡盘进行工件的装夹。

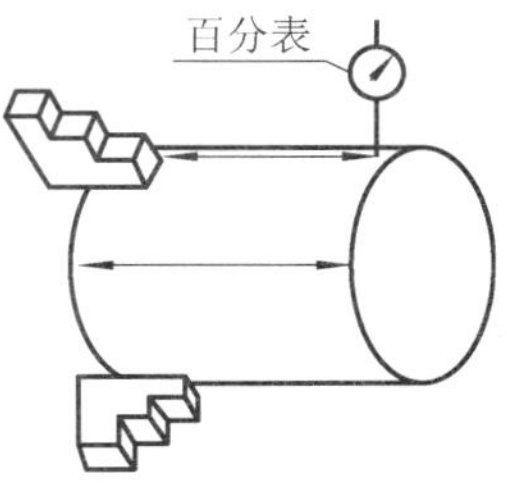

图 1-20　零件找正

采用分度头或四轴旋转工作台装夹工件（工件横放）时，其找正方法如图 1-20 所示。分别在上母线和侧母线处左右移动百分表，调整工件，保证百分表在移动过程中的读数始终相等，从而确保工件侧母线与工件进给方向平行。

思考与练习

一、填空题

1．程序由________、________和________三部分组成。

2．程序名是以大写字母________开头，其后为________，数字前的零可以省略。

3．作为主程序结束标记的 M 代码有________和________。

4．________是指某些指令在程序中一旦指定，则其功能一直有效，直到被同一组的其他代码功能所代替，而________指某些指令的功能只在一个程序段中有效。

5．主轴正转用指令________表示，主轴反转用指令________表示，主轴停转用指令________表示。

6．在相同的铣削用量条件下，一般________铣比________铣获得的表面粗糙度要好。

7．在平面加工中，粗铣时为提高加工效率经常采用________加工的走刀方式，背吃刀量可以选择 1.5～3mm，铣削宽度可以选择________；精铣时采用单向铣削的方式，铣削宽度尽量不超过 0.5*D*。

8．________为绝对坐标指令。该指令表示程序段中的编程尺寸是按绝对坐标给定的，所有坐标地址字符后紧跟的尺寸数字都是相对于编程原点给定的。

9．________指程序中坐标是以原点作为基准表示刀具终点，用 G90 来表示；________指程序中坐标是以刀具起点作为基准表示刀具终点，用 G91 表示。

二、选择题

1．下列代码指令中，在程序里可以省略、次序颠倒的代码是（　　）。

A．O　　B．G

C．N　　D．M

2．在很多数控程序中，（　　）在手工输入过程中能自动生成，无需操作者手动输入。

A．程序段号　　B．程序号

C．G 代码　　D．M 代码

3．G00 G01 G02 G03 X100…；该指令中实际有效的 G 代码是（　　）。

A．G00　　B．G01

C．G02　　D．G03

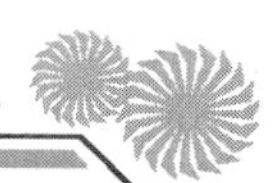

4. 下列 FANUC 系统程序号中，表达错误的程序号是（　　）。

A. O66　　B. O666

C. O6666　　D. O66666

5. 以下指令中，（　　）是辅助功能指令。

A. M03　　B. G90

C. Y30.0　　D. S600

6. 指令“G90 G01 X-30 F100”；表示刀具在 *X* 方向移动（　　）。

A. 30mm　　B. −30mm

C. 至绝对坐标 *X* 为−30.0 处　　D. 至相对坐标 *X* 为−30.0 处

7. 下列指令中无需用户指定速度的指令是（　　）。

A. G00　　B. G01

C. G02　　D. G03

8. 以下功能指令中，与 M00 指令功能相类似的指令是（　　）。

A. M01　　B. M02

C. M03　　D. M04

三、判断题

1. 程序段是按程序段数值的大小顺序来执行的，程序段号数值小的先执行，大的后执行。（　　）

2. 准备功能的 G 代码主要用来控制机床主轴的开、停，切削液的开、关和工件的夹紧与松开等机床准备动作。（　　）

3. G90 G94 G40 G80 G17 G21 G54；该指令中出现了多个 G 代码，因此该程序段不是一个规范正确的程序段。（　　）

4. G01 G02 G03 G04 均为模态代码。（　　）

5. 所有的 F、S、T 代码均为模态代码。（　　）

6. 不同组的 G 代码在同一程序段中可以指令多个，而如果在同一程序段中指令了多个同组的 G 代码，则在程序执行过程中会产生程序报警。（　　）

四、综合题

找出下列数控铣程序中的错误或不规范之处，说明原因，并加以修改。

```
O12345;
N10 G90 G94 G95 G17 G21 G40;
N20 G91 G28 Z0;
```

```
N10 G00 X20.0 X20.0;
N30 G00 Z30.0;
N40 M30 S600;
N50 G01 Z-5.0;
N60 X40:
N70 G03 X60.0 Y40.0 R20.0;
N80 G02 X60.0 Y80.0 ;
……;
M05;
M99;
```

五、编制如图题 1-1 和图题 1-2 所示两个零件的加工程序

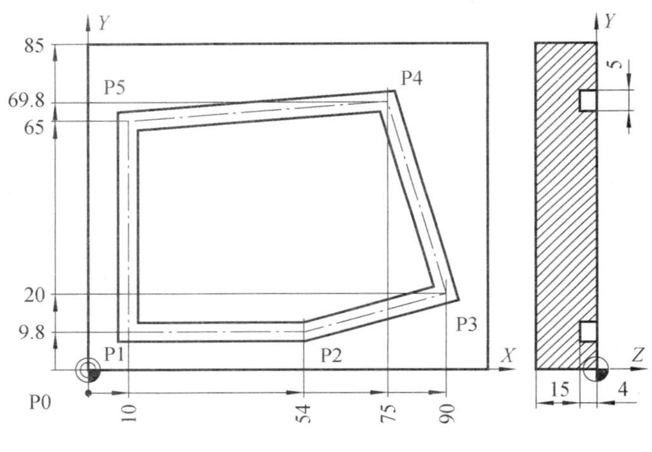

图题 1-1

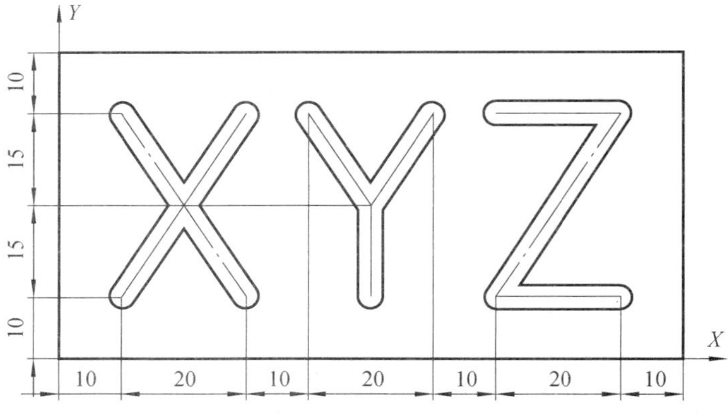

图题 1-2

任务1.2 圆弧型零件的编程与加工

任务描述

本任务将在任务1.1的基础上进行学习，使学生了解和掌握圆弧轮廓（图1-21）的编程指令和编程方法，以及刀具半径补偿的意义和技巧。

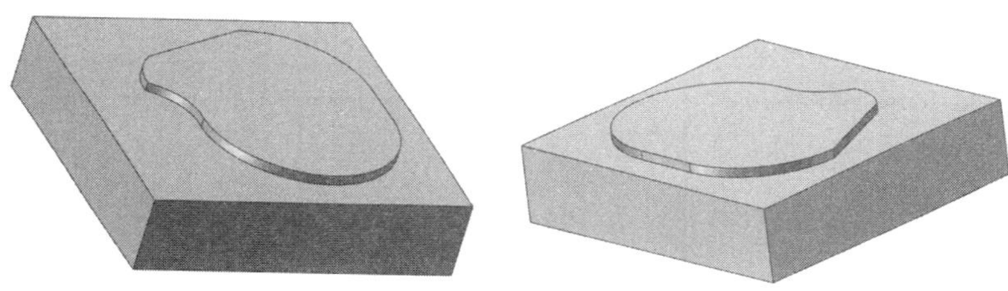

图1-21 圆弧型零件

任务目标

1. 掌握圆弧轮廓的编程方法和技巧。
2. 掌握刀具半径补偿的原则和方法。
3. 掌握圆弧轮廓的加工与测量方法。

1.2.1 工艺分析

1. 图样分析

该零件材料为HT200，尺寸（长×宽×高）为100mm×100mm×20mm。零件表面粗糙度要求为*Ra* 3.2μm，上表面采用任务1.1平面铣削的程序铣平面已完成，本任务以铣削零件上表面高3mm的轮廓为例，如图1-22所示。可采用ϕ20mm高速钢立铣刀进行轮廓铣削的方案。

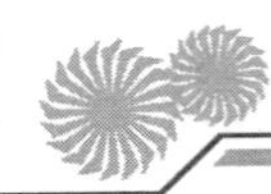

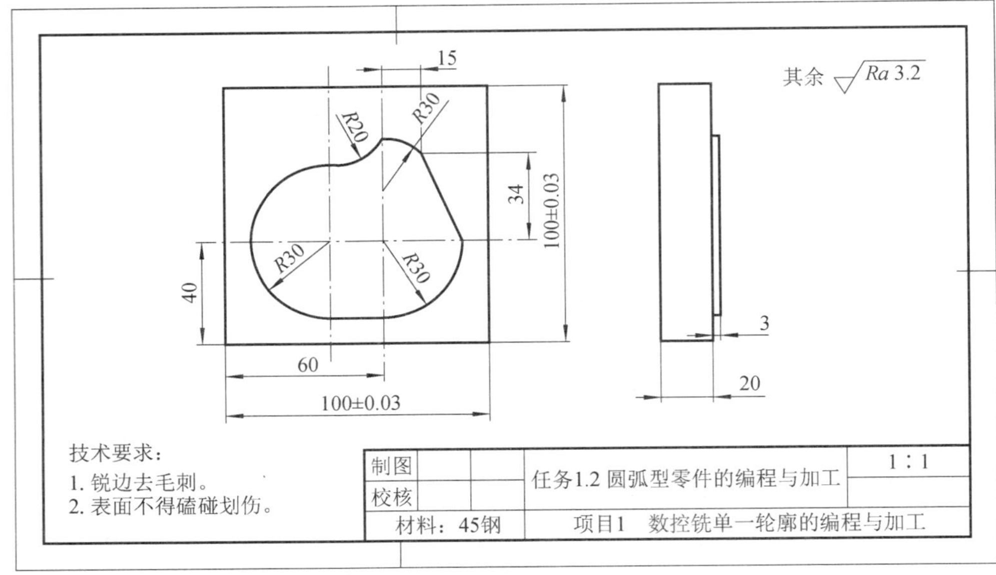

图 1-22　任务 1.2 的图样

2. 编制工艺卡

（1）确定装夹方案

选用机用平口钳装夹，下垫垫铁。

（2）刀柄与刀具选择

本任务选择ϕ20mm 高速钢立铣刀，如图 1-23 所示。

ϕ20mm 高速钢立铣刀与卡簧（图 1-24）装配后与 BT40 弹簧夹头刀柄（图 1-25）进行装配，装配过程如图 1-26 所示。

图 1-23　立铣刀

图 1-24　卡簧

图 1-25　BT40 弹簧夹头刀柄

（3）铣削用量选择

确定主轴转速时，先查表 1-1，高速钢立铣刀加工铸铁时的切削速度为 15～21 m/min，推荐 V_c =18 m/min。然后根据铣刀直径和公式 $n=1000V_c / \pi D$ 计算主轴转速，并填入加工工艺卡片中。

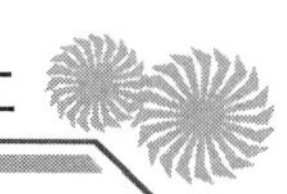

$$n=\frac{1000V_c}{\pi D}=\frac{1000\times 18}{\pi\times 20}\approx 287\text{（r/min）}$$

取 n=300 r/min。

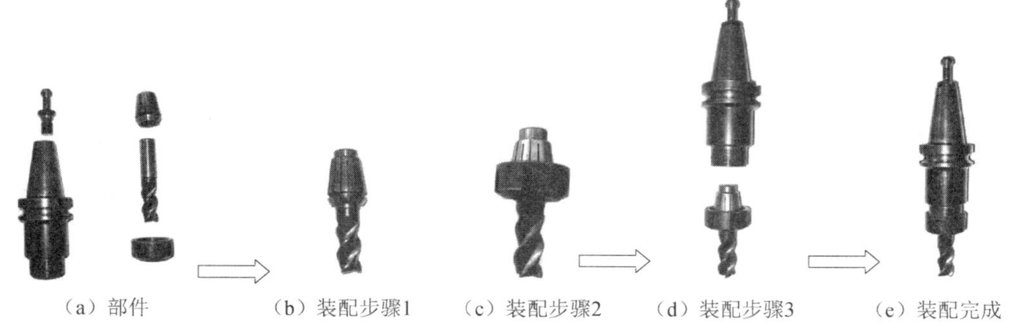

（a）部件　（b）装配步骤1　（c）装配步骤2　（d）装配步骤3　（e）装配完成

图 1-26　任务 1.2 的刀柄与刀具装配过程

确定进给速度 F 时，根据立铣刀齿数 Z（Z=3）、主轴转速和切削用量手册中给出的每齿进给量 f_Z，查表 1-2 高速钢立铣刀加工铸铁时每齿进给量为 0.07～0.18mm，取 f_Z=0.1mm，利用式 $F=f_Z\times Z\times n$ 计算进给速度并填入加工工艺卡片中。

$$F=f_Z\times Z\times n=0.1\times 3\times 300=90\ \text{（mm / min）}$$

取 F=90 mm/min。

（4）加工路线的设计

建立工件坐标系如图 1-27 所示。下刀方式为在工件外面一点下刀，然后沿着外形轮廓加工，加工路线比较简单，图中细实线小圆为刀具。G42 在程序中使用的时候，加工效果为逆铣。

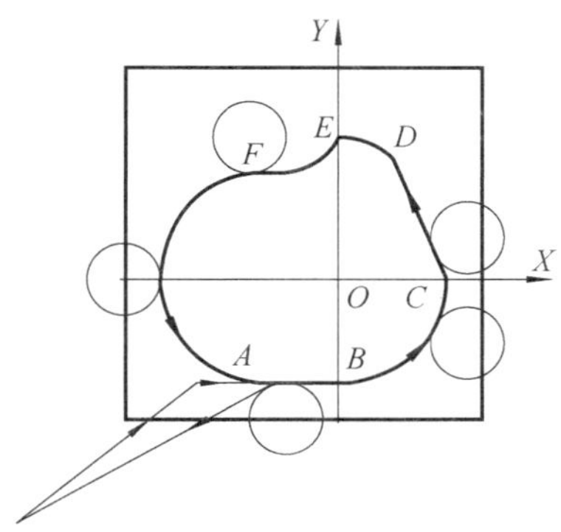

图 1-27　任务 1.2 的刀具加工路线

（5）制订加工工艺卡

根据加工工艺制订加工工艺卡，见表 1-8。

图 1-8 圆弧铣削加工工艺卡

工序	加工内容	刀具类型	主轴转速/（r/min）	进给速度/（mm/min）	背吃刀量/mm
1	轮廓铣削	ϕ20mm 立铣刀	300	90	3

1.2.2 程序编制

下面主要介绍圆弧型零件的加工操作，详见视频“圆弧型零件的加工操作”

扫码观看视频

圆弧型零件的加工操作

1. 加工前的准备

参照任务 1.1。

2. 加工程序的编制

根据加工工艺卡，完成加工程序的编制，参考程序见表 1-9。

表 1-9 圆弧铣削参考程序

程序	说明
O0501;	程序名
N10 G17 G90 G53 G40 G00 Z-50;	程序初始化，包括切削平面指令 G17，绝对编程 G90，选择机床坐标系 G53，取消刀具半径补偿 G40，快速移动到机床坐标系零点下 50 的地方
N20 G54;	选择工件坐标系 G54
N30 S300 M03;	主轴正转，转速为 300r/min
N40 G00 Z20;	刀具 *Z* 方向快速移动到工件坐标系零点以上 20 的地方
N50 G00 X-90 Y-70;	刀具 *XY* 方向快速移动到工件坐标系点（-90，-70）的地方
N60 G01 Z-3 F60;	刀具 *Z* 方向直线插补到工件坐标系零点以下 3 的地方
N70 G42 D1 G01 X-40 Y-30 F90;	在 *XY* 平面从点（-90，-70）直线插补到点（-40，-30）建立右刀补，并调用 1 号刀刀具半径补偿 D1，D1 为 10，插补速度为 90mm/min。G42 或 G41 必须与 G01 或 G00 指令组合完成，并且 G01 或 G00 指令在 *XY* 平面移动
N80 G01 X0 Y-30;	从点（-40，-30）直线插补到点 *B*（0，-30），插补速度为 90mm/min
N90 G03 X30 Y0 R30;	从点 *B*（0，-30）按半径为 30mm 的圆弧逆时针作圆弧插补到点 *C*（30，0），插补速度为 90mm/min
N100 G01 X15 Y34;	从点 *C*(30,0)直线插补到点 *D*(15,34),插补速度为 90mm/min
N110 G03 X0 Y40 R20;	从点 *D*（15，34）按半径为 20mm 的圆弧逆时针作圆弧插补到点 *E*（0，40）
N120 G02 X-20 Y30 R20;	从点 *E*（0，40）按半径为 20mm 的圆弧顺时针作圆弧插补到点 *F*（-20，30），插补速度为 90mm/min

续表

程序	说明
N130 G03 X-20 Y-30 R30;	从点 F（-20，30）按半径为 30mm 的圆弧逆时针作圆弧插补到点 A（-20，-30），插补速度为 90mm/min
N140 G01 X-10 Y-30	
N150 G40 G00 X-90 Y-70;	在 XY 平面从点（-10，-30）快速移动到点（-90，-70）的过程中取消刀补。G40 必须与 G01 或 G00 指令组合完成，并且 G01 或 G00 指令在 XY 平面移动
N160 G53 G00 Z-50;	选择机床坐标系并快速移动到机床零点以下 50 的地方
N170 M05;	主轴停止，此时机床主轴停止转动
N180 M30;	程序结束
%	程序结束符

1.2.3　零件加工

圆弧轮廓铣削的操作过程如下。

1）机床通电。

2）返回机床原点。

3）对刀。

① 将模式选择旋钮转动到 MDI（手动数据输入）方式。在 MDI 方式，按 MDI 面板上的程序键 PROG，输入“S300M03”，按 MDI 面板上的地址/数字键 EOB和插入键 INSERT，按机床操作面板上的循环启动按钮 CYCLE START，使主轴正转。

② 将模式选择旋钮转动到 HANDLE（手摇脉冲发生器操作）模式。

③ X 向、Y 向对刀。机床显示屏上显示的坐标为主轴中心的坐标。如图 1-28 所示，零件边长 AB=100 mm，BC＝100 mm，刀具直径 20 mm，用刀具分别接触工件的两个侧面，假设对刀时求出 K 点的机床坐标为（-350，-250），以工件的 O 点作为程序原点，在(01)G54 中建立工件坐标系，则

$$G54X=-350+(60+20/2)=-280(\text{ mm })$$

$$G54Y=-250+(40+20/2)=-200(\text{ mm })$$

④ Z 向对刀。用刀具接触工件的上表面，假设记录工件的上表面在机床坐标系中的 Z 坐标值为-200mm。

4）设置参数。按 MDI 面板上的菜单设置键 OFS/SET，屏幕显示刀具补偿参数设定画面（图 1-29），在 001 号刀的“形状（H）”的下面输入刀具半径值 10mm，按输入键 INPUT 屏幕显示如图 1-29 所示。按软键[坐标系]为坐标系参数设定画面，屏幕显示如图 0-80 所示，用光标键 ↑ ↓ ← → 选择所需的坐标系与坐标轴，因编程使用的是 G54 坐标系，故将光标移到 G54 坐标系 X 的位置，以上假设通过对刀得到的工件坐标系原点在机床

坐标系中的值为（−280，−200，−200），在 MDI 面板上输入“−280”，按输入键，将光标移到 Y 的位置，输入“−200”，按光标键，同样，可以输入 Z 的值。

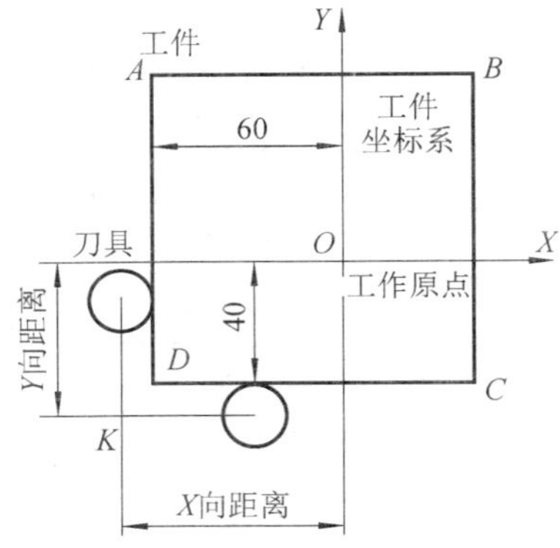

图 1-28　任务 1.2 的 X 向、Y 向对刀

工具补正　　O0055　N00170

番号	形状（H）	磨耗（H）	形状（D）	磨耗（D）
001	0.000	0.000	10.00	0.000
002	0.000	0.000	0.000	0.000
003	0.000	0.000	0.000	0.000
004	0.000	0.000	0.000	0.000
005	0.000	0.000	0.000	0.000
006	0.000	0.000	0.000	0.000
007	0.000	0.000	0.000	0.000
008	0.000	0.000	0.000	0.000

现在位置（相对坐标）

X　−136.719　　Y　−120.851

Z　23.897

OS　80%　L　0%

JOG　****　***　***　　16：14：46

[补正] [SETING] [坐标系] [ ] [（操作）]

图 1-29　轮廓加工刀具半径补偿参数设定

5）输入程序或调用程序。

6）模拟运行。

7）回机床原点。

8）自动加工。

① 将模式选择旋钮转动到 AUTO（自动）方式。按 MDI 面板上的程序键，

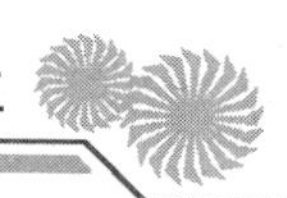

输入所要加工的程序名“O0501”，按光标键 ↓ ，调出所要加工的程序，如光标不在程序首位，按复位键 RESET ，使光标返回首位。

② 按图形显示键 CSTM/GR ，图形参数屏幕显示参见图 0-81。

③ 按软键[加工图]。

④ 按循环启动按钮 CYCLE START ，显示刀具加工路径。

1.2.4　操作测评

本任务的任务评价表见表 1-10。

表 1-10　圆弧铣削任务评价表

项目与权重	序号	技术要求	配分	评分标准	检测记录	得分
加工操作（45%）	1	40mm、60mm、34mm	4×4	不正确全扣		
	2	*R*30mm、*R*20mm	4×2	不正确全扣		
	3	深度 3mm 及宽度正确	4×3	不正确全扣		
	4	表面粗糙度好	9	每错一处扣 3 分		
程序与加工工艺（30%）	5	程序格式规范	5	每错一处扣 2.5 分		
	6	程序正确、完整	10	每错一处扣 2 分		
	7	刀具选择正确	5	不合理每处扣 2.5 分		
	8	刀具安装正确	5	不正确全扣		
	9	刀具参数选择正确	5	不正确全扣		
机床操作（15%）	10	对刀操作正确	5	不正确全扣		
	11	坐标系设定正确	5	不正确全扣		
	12	机床操作不出错	5	每错一次扣 2.5 分		
安全文明生产（10%）	13	安全操作	5	出错全扣		
	14	机床维护与保养	5	不合格全扣		

1.2.5　相关知识

下面主要介绍圆弧编程指令、刀补指令及立铣刀的使用，详见视频“圆弧编程指令、刀补指令及立铣刀的使用”

扫码观看视频

圆弧编程指令刀补指令及立铣刀的使用

1. 圆弧编程指令

G02 为顺时针圆弧插补指令，G03 为逆时针圆弧插补指令。

（1）圆弧插补方向的判定方法

刀具进行圆弧插补时必须先规定所在的平面，然后再确定插补（回转）方向。

如图 1-30 所示，沿圆弧所在平面（如 *XY* 平面）的垂直坐标轴（如 *Z* 轴）的负方向看去，顺时针方向为 G02，逆时针方向为 G03。

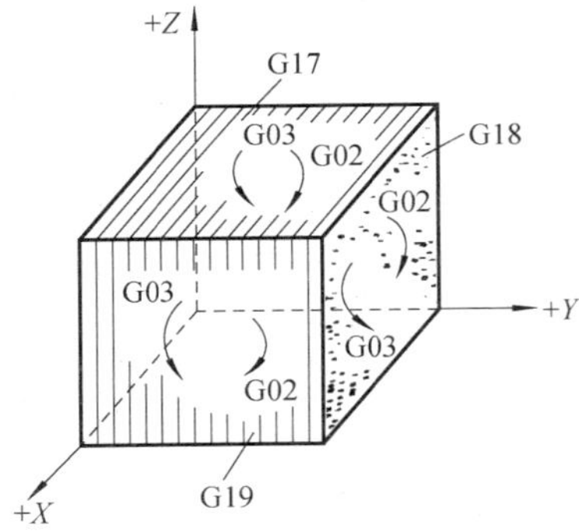

图 1-30　G02/G03

（2）圆弧半径法编程格式

1）在 *XY* 平面上的圆弧：

$$G17\begin{Bmatrix}G90\\G91\end{Bmatrix}\begin{Bmatrix}G02\\G03\end{Bmatrix}X\_\_Y\_\_R\_\_F\_\_;$$

2）在 *ZX* 平面上的圆弧：

$$G18\begin{Bmatrix}G90\\G91\end{Bmatrix}\begin{Bmatrix}G02\\G03\end{Bmatrix}X\_\_Z\_\_R\_\_F\_\_;$$

3）在 *YZ* 平面上的圆弧：

$$G19\begin{Bmatrix}G90\\G91\end{Bmatrix}\begin{Bmatrix}G02\\G03\end{Bmatrix}Y\_\_Z\_\_R\_\_F\_\_;$$

其中：*X*、*Y*（*X*、*Z* 或 *Y*、*Z*）——圆弧的终点坐标值。在 G90 状态下，*X*、*Y*、*Z* 中的两个坐标字为工件坐标系中的圆弧终点坐标。在 G91 状态下，则为圆弧终点相对于起点的距离；

R——圆弧半径（带“+”或“-”）。若圆心角不大于 180°，则 *R* 为正值；若圆心角为 180°～360°，则 *R* 为负值；

F——刀具切削进给速度（mm/min）。

注意：由于圆弧插补功能在指定的基本平面内执行，因此插补时只能有两个坐标发生变化。

（3）圆弧插补指令编程示例

如图 1-31 所示，用圆弧半径法编程格式编制 *ABC* 轮廓的加工程序。设刀具从 *A* 点开始，沿 *A*→*B*→*C* 铣削。

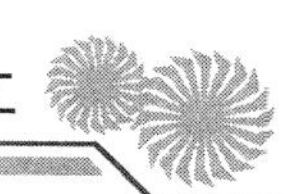

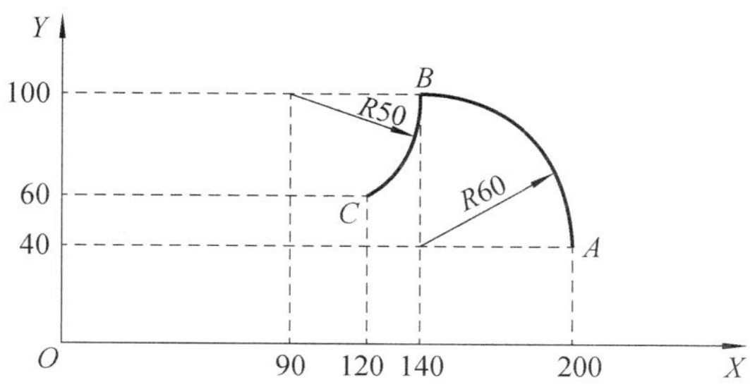

图1-31　G02、G03圆弧半径法编程示例

用绝对坐标指令编程：

```
G92 X200.0 Y40.0 Z0;                    建立坐标系
G90 G03 X140.0 Y100.0 R60.0 F100;
G02 X120.0 Y60.0 R50.0;
```

用增量坐标指令编程：

```
G91 G03 X-60.0 Y60.0 R60.0 F100;
G02 X-20.0 Y-40.0 R50.0;
```

（4）圆心增量坐标法编程格式

圆弧插补指令的编程格式有圆弧半径法和圆心增量坐标法两种。圆弧半径法仅适用于劣弧或优弧轮廓的编程；而圆心增量坐标法适用于包括整圆在内的所有圆弧轮廓的编程。

1）在 *XY* 平面上的圆弧：

$$\text{G17}\begin{Bmatrix}\text{G90}\\\text{G91}\end{Bmatrix}\begin{Bmatrix}\text{G02}\\\text{G03}\end{Bmatrix}\text{X\_\_Y\_\_I\_\_J\_\_F\_\_};$$

2）在 *ZX* 平面上的圆弧：

$$\text{G18}\begin{Bmatrix}\text{G90}\\\text{G91}\end{Bmatrix}\begin{Bmatrix}\text{G02}\\\text{G03}\end{Bmatrix}\text{X\_\_Z\_\_I\_\_K\_\_F\_\_};$$

3）在 *YZ* 平面上的圆弧：

$$\text{G19}\begin{Bmatrix}\text{G90}\\\text{G91}\end{Bmatrix}\begin{Bmatrix}\text{G02}\\\text{G03}\end{Bmatrix}\text{Y\_\_Z\_\_J\_\_K\_\_F\_\_};$$

其中：*X*、*Y*（*X*、*Z* 或 *Y*、*Z*）——圆弧的终点坐标值；

I、*J*（*I*、*K* 或 *J*、*K*）——圆弧圆心相对于圆弧起点在对应坐标轴方向上的增量值。当 *I*、*J*、*K* 为零时可以省略；

F——刀具切削进给速度（mm/min）。

（5）圆弧插补指令用圆心增量坐标法编程示例

如图 1-31 所示，用圆心增量坐标法编制 *ABC* 轮廓的加工程序。设刀具从 *A* 点开始，沿 *A*→*B*→*C* 铣削。

用绝对坐标指令编程：

```
G92 X200.0 Y40.0 Z0;                                    建立坐标系
G90 G03 X140.0 Y100.0 I-60.0 J0 F100;
G02 X120.0 Y60.0 I-50.0 J0;
```

用增量坐标指令编程：

```
G91 G03 X-60.0 Y60.0 I-60.0 J0 F100;
G02 X-20.0 Y-40.0 I-50.0 J0;
```

（6）刀具半径补偿

轮廓铣削加工过程中，如果不考虑刀具半径，直接按照工件的轮廓编程比较方便，但是刀具总是有一定的半径，刀具中心沿轮廓运动加工出的零件外轮廓比图样尺寸偏小（加工型腔时偏大）。为了既能编程方便，又能加工出合格的零件，就必须使刀具中心在编程轨迹的法线方向上与编程轨迹的距离始终等于刀具的半径，这种功能称为刀具半径补偿功能，用 G41 或 G42 指令来实现。

1）刀具半径补偿指令（G40、G41 和 G42）。

G40：取消刀具半径补偿模态。

G41：左向刀具半径补偿（即沿刀具进刀方向看去，刀具中心在零件轮廓的左侧）。

G42：右向刀具半径补偿（即沿刀具进刀方向看去，刀具中心在零件轮廓的右侧）。

指令格式：

```
G41/G42  (G00/G01  IP__)  D__ ;
……;
G40;
```

其中：*D*——刀具半径补偿值号，如 D01 指定 01 号刀具半径，D00 表示取消刀具半径补偿；

IP——目标点坐标，可配合 G00 或 G01 使用。用 G17 指定 *XY* 平面为加工平面时，表示 *X*、*Y* 坐标。

刀具半径补偿指令的功能为指令刀具进给的中心轨迹沿着编程轮廓的法向偏移一个补偿向量，使编程人员只需按照工件轮廓编程，即可简捷地编制出加工程序（图 1-32）。

补偿向量是一个二维向量，由它来确定进行刀具半径补偿时的实际位置和编程位置之间的偏移距离和方向。补偿向量的模即实际位置和补偿位置之间的距离，它始终等于指定补偿号中存储的补偿值；补偿向量的方向始终为编程轨迹的法线方向。该补偿向量

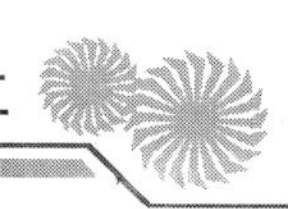

由数控系统根据编程轨迹和补偿值计算得出，并由此控制刀具（*X*、*Y* 轴）的运动完成补偿过程。

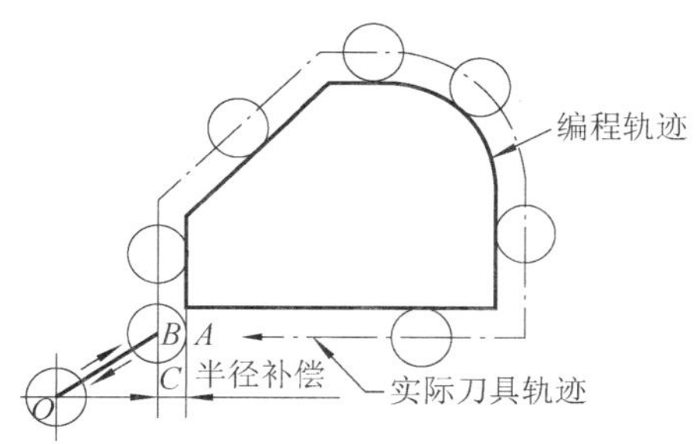

图 1-32　刀具的半径补偿

说明：

① 在 G41 或 G42 指令中，地址 D 指定了一个补偿号，每个补偿号对应一个补偿值。

② 刀具半径补偿只能在被 G17、G18 或 G19 选择的平面上进行，在刀具半径补偿的模态下，不能改变平面的选择，否则会出现 P/S37 报警。

③ 在指令了刀具半径补偿功能及非零的补偿值后，第一个在补偿平面中产生运动的程序段为刀具半径补偿开始的程序段。在该程序段中，不允许出现圆弧插补指令，否则 NC 会给出 P/S34 报警。

④ 在刀具半径补偿开始的程序段中，补偿值从零均匀变化到给定的值，同样的情况出现在刀具半径补偿被取消的程序段中，即补偿值从给定的值均匀变化到零，所以在这两个程序段中，刀具不宜接触到工件。

2）刀具半径补偿的过程分为以下三步。

① 刀补的建立，就是当刀具从起点接近工件时，刀具中心从与编程轨迹重合过渡到与编程轨迹偏离一个偏置量的过程。如图 1-32 所示，*OA* 段为建立刀补段，必须用直线 G01 或 G00 编程，示例程序段如下：

```
G41 G01 X50.0 Y40.0 F100 D01;
```

或

```
G41 G00 X50.0 Y50 0 D01;
```

图 1-33 中，若不用刀具半径补偿，则当 *OA* 段程序执行结束时，刀具中心在 *A* 点；如采用刀具半径补偿，则刀具将让出一个刀具半径的偏移量，使刀具中心移动到 *B* 点。

② 刀补进行。在 G41、G42 程序段执行后，刀具中心始终与编程轨迹相距一个偏置量，直到刀补取消。

③ 刀补的取消，即刀具离开工件，刀具中心轨迹过渡到与编程轨迹重合的过程。

图 1-32 中 CO 段为取消刀补段，和建立刀补一样，也必须用直线 G01 或 G00 编程，示例程序段如下：

```
G40 G01 X0.0 Y0.0 F100;
```

或

```
G40 G00 X0.0 Y0.0;
```

取消刀补完成后，刀具又回到了起点位置 O。

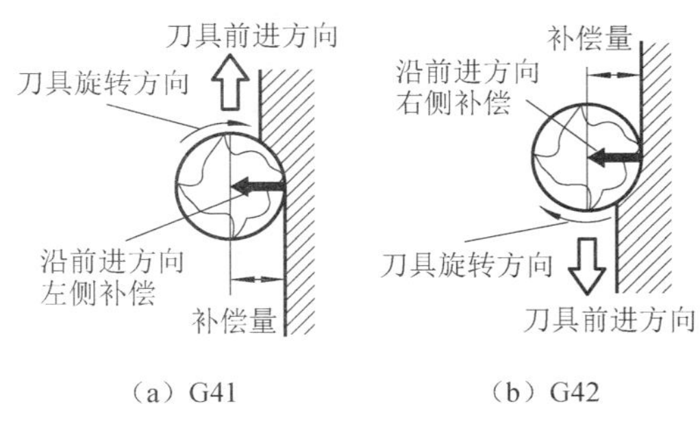

（a）G41　　（b）G42

图 1-33　刀具的补偿方向

2. 立铣刀的使用

1）立铣刀的装夹。加工中心用立铣刀大多采用弹簧夹套装夹方式，使用时处于悬臂状态。在铣削加工过程中，有时可能出现立铣刀从刀夹中逐渐伸出，甚至完全掉落，致使工件报废的现象，其原因一般是刀夹内孔与立铣刀刀柄外径之间存在油膜，造成夹紧力不足。立铣刀出厂时通常都涂有防锈油，如果切削时使用非水溶性切削油，刀夹内孔也会附着一层雾状油膜，当刀柄和刀夹上都存在油膜时，刀夹很难牢固夹紧刀柄，在加工中立铣刀就容易松动掉落。所以在立铣刀装夹前，应先将立铣刀柄部和刀夹内孔用清洗液清洗干净，擦干后再进行装夹。当立铣刀的直径较大时，即使刀柄和刀夹都很清洁，还是可能发生掉刀事故，这时应选用带削平缺口的刀柄和相应的侧面锁紧方式。立铣刀夹紧后可能出现的另一问题是加工中立铣刀在刀夹端口处折断，其原因一般是刀夹使用时间过长，刀夹端口部已磨损成锥形，此时应更换新的刀夹。

2）立铣刀的振动。由于立铣刀与刀夹之间存在微小间隙，所以在加工过程中刀具有可能出现振动现象。振动会使立铣刀圆周刃的吃刀量不均匀，且切扩量比原定值增大，影响加工精度和刀具使用寿命。但当加工出的沟槽宽度偏小时，也可以有目的地使刀具振动，通过增大切扩量来获得所需槽宽，但这种情况下应将立铣刀的最大振幅限制在 0.02mm 以下，否则无法进行稳定的切削。在正常加工中立铣刀的振动越小越好。当出现刀具振动时，应考虑降低切削速度和进给速度，如两者都已降低 40%后仍存在较大振动，则应考虑减小吃刀量。如加工系统出现共振，其原因可能是切削速度过大、进给速

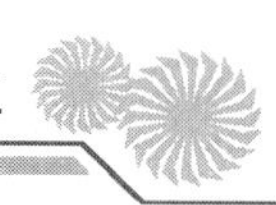

度偏小、刀具系统刚性不足、工件装夹力不够，或者由工件形状或工件装夹方法导致，此时应采取调整切削用量、增加刀具系统刚度、提高进给速度等措施。

3）立铣刀的端刃切削。在模具等工件型腔的数控铣削加工中，当被切削点为下凹部分或深腔时，需加长立铣刀的伸出量。如果使用长刃型立铣刀，由于刀具的挠度较大，易产生振动并导致刀具折损。因此在加工过程中，如果只需刀具端部附近的刀刃参加切削，则最好选用刀具总长度较长的短刃长柄型立铣刀。在卧式数控机床上使用大直径立铣刀加工工件时，由于刀具自重所产生的变形较大，更应十分注意端刃切削容易出现的问题。在必须使用长刃型立铣刀的情况下，则需大幅度降低切削速度和进给速度。

4）切削参数的选用。切削速度的选择主要取决于被加工工件的材质，进给速度的选择主要取决于被加工工件的材质及立铣刀的直径。国外一些刀具生产厂家的刀具样本附有刀具切削参数选用表，可供参考。但切削参数的选用同时又受机床、刀具系统、被加工工件形状及装夹方式等多方面因素的影响，应根据实际情况适当调整切削速度和进给速度。当以刀具寿命为优先考虑因素时，可适当降低切削速度和进给速度；当切屑的离刃状况不好时，可适当增大切削速度。

5）切削方式的选择。采用顺铣有利于防止刀刃损坏，可提高刀具寿命。但有两点需要注意：①如采用普通机床加工，应设法消除进给机构的间隙；②当工件表面残留有铸、锻工艺形成的氧化膜或其他硬化层时，宜采用逆铣。

6）硬质合金立铣刀的使用。高速钢立铣刀的使用范围和使用要求较为宽泛，即使切削条件的选择略有不当，也不至出现太大问题。虽然硬质合金立铣刀在高速切削时具有很好的耐磨性，但它的使用范围不及高速钢立铣刀广泛，且切削条件必须严格符合刀具的使用要求。

1.2.6　注意事项及问题和探究

1. 注意事项

1）整圆只能用 I、J、K 来编程。若用半径法以两个半圆相接，其圆度误差会太大。

2）一般 CNC 铣床开机后，设定为 G17。故在 XY 平面铣削圆弧时，可省去 G17。

3）同一程序段同时出现 I、J 和 R 时，以 R 优先。

4）I0 或 J0 或 K0 可省不写。

2. 问题和探究

由于立铣刀齿数较键槽铣刀多，刃带较键槽铣刀长，因此，在立铣刀铣削过程中，当受到一个较大的切削抗力作用时，铣刀就向槽的一侧偏让，在偏让的同时多铣去槽壁一部分，使铣出的槽宽增大，这就是铣工常说的让刀现象。铣刀直径越小，铣削深度越大，让刀越显著。由于键槽铣刀齿数少，容屑空间大，排屑流畅，刃短，刚度强，能克服立铣刀铣削时产生的缺陷，所以粗加工时可以选择键槽铣刀，精加工时再采用多齿的立铣刀加工。

知识拓展

高速切削技术

自20世纪90年代起，高速加工逐步在制造业中推广应用。据2012年统计数据显示，在美国和日本，大约有30%的公司已经使用高速加工，在德国，这个比例高于40%。在飞机制造业中，高速切削已经普遍用于零件的加工。高速切削之所以得到工业界越来越广泛的应用，是因为它相对传统加工具有显著的优越性，具体说来有以下特点。

1. 提高了生产效率

高速切削加工允许使用较大的进给率，比常规切削加工提高5～10倍，单位时间材料切除率可提高3~6倍。当加工需要大量切除金属的零件时，可使加工时间大大减少。

2. 降低了切削力

由于高速切削采用极浅的背吃刀量和窄的切削宽度，因此切削力较小，与常规切削相比，切削力至少可降低30%。这对于加工刚性较差的零件来说可减少加工变形，使一些薄壁类精细工件的切削加工成为可能。

3. 提高了加工质量

因为高速旋转时刀具切削的激励频率远离工艺系统的固有频率，不会造成工艺系统的受迫振动，因此保证了较好的加工状态。高速切削背吃刀量、切削宽度和切削力都很小，使得刀具、工件变形小，保持了尺寸的精确性，也使得切削破坏层变薄，残余应力小，实现了高精度、低粗糙度加工。

4. 加工能耗低，节省了制造资源

高速切削单位功率的金属切除率高、能耗低、工件的在制时间短，从而提高了能源和设备的利用率，降低了切削加工在制造系统资源总量中的比例，符合可持续发展的要求。

5. 简化了加工工艺流程

常规切削加工不能加工淬火后的材料，淬火变形必须进行人工修整或通过放电加工解决。高速切削则可以直接加工淬火后的材料，在很多情况下可完全省去放电加工工序，消除了放电加工所带来的表面硬化问题，减少或免除了人工光整加工。

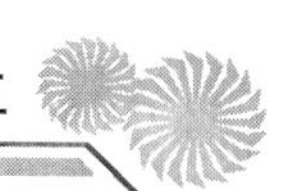

思考与练习

一、填空题

1．准备功能字中的G41表示________，G42表示________，G40表示________。

2．刀具半径补偿的过程分三步，即________、________和________。

3．圆弧编程指令有两种格式（以 *XY* 平面为例）：一种是________；另一种是________。

4．圆弧顺逆方向的判定方法：沿与圆弧所在 *XY* 平面相垂直的 *Z* 轴的负方向看去，顺时针方向为________，逆时针方向为________。

5．*R* 为圆弧半径。若圆心角不大于180°，则 *R* 为________值；若圆心角为180°～360°，则 *R* 为________值。

6．沿刀具进刀方向看去，刀具中心在零件轮廓的左侧，则为________；刀具中心在零件轮廓的右侧，则为________。

二、选择题

1．圆弧编程中的 *I*、*J*、*K* 值是指（　　）的矢量值。

A．起点到圆心　　　　B．终点到圆心

C．圆心到起点　　　　D．圆心到终点

2．指令“G41 G01 X16 Y16 D16;”中D16表示（　　）。

A．刀具直径是16mm　　　　B．刀具半径是16mm

C．刀具表的地址是16　　　　D．刀具在半径方向的偏移量是16mm

3．在FANUC系统的刀具补偿模式下，一般不允许存在连续（　　）段以上的非补偿平面内移动指令。

A．1　　　　B．2

C．3　　　　D．4

4．下列指令中，无需用户指定速度的指令是（　　）。

A．G00　　　　B．G01

C．G02　　　　D．G03

5．“G02 R-50”表示（　　）。

A．圆心角小于180°　　　　B．圆心角为180°～360°

C．圆心角不大于180°　　　　D．不正确的格式

6．在数控加工中，如果圆弧指令后的半径遗漏，则机床按（　　）执行。

A．直线指令　　B．圆弧指令

C．停止　　D．报警

7．采用刀具半径补偿模式加工圆柱轮廓，加工后外形尺寸比设计尺寸大 0.2mm，则应设刀补值（　　）后用原程序再重新加工该轮廓。

A．−0.2　　B．−0.1

C．+0.1　　D．+0.2

三、判断题

1．圆弧编程中的 I、J、K 值与 R 值均有正负值之分。（　　）

2．粗加工时，通常将刀具半径补偿值设为刀具半径 − 精加工余量，以保留适当的精加工余量。（　　）

3．G40 必须与 G41 或 G42 成对使用。（　　）

4．刀补建立的过程必须含有 G00 或 G01 指令才有效。（　　）

5．加工中心编程中用刀具半径补偿模式，可加工与刀具半径相等的圆弧内角。（　　）

6．切削方式的选择采用逆铣有利于防止刀刃损坏，可提高刀具寿命。（　　）

四、编制如图题 1-3 和图题 1-4 所示两个零件的加工程序

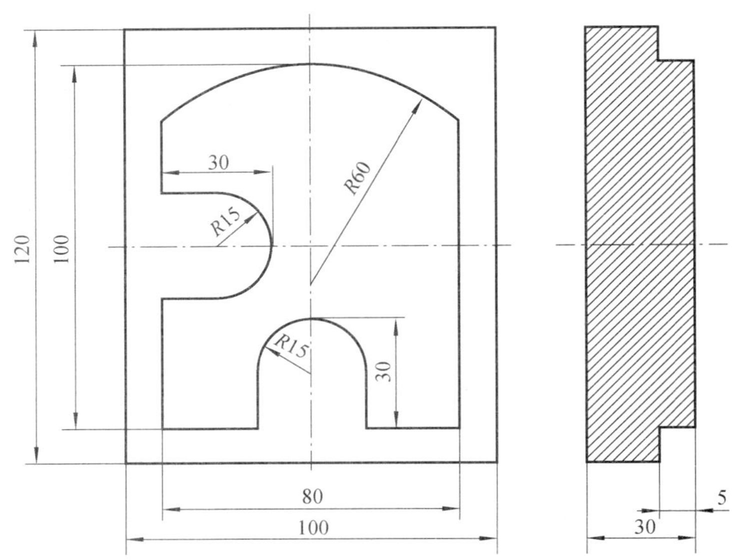

图题 1-3

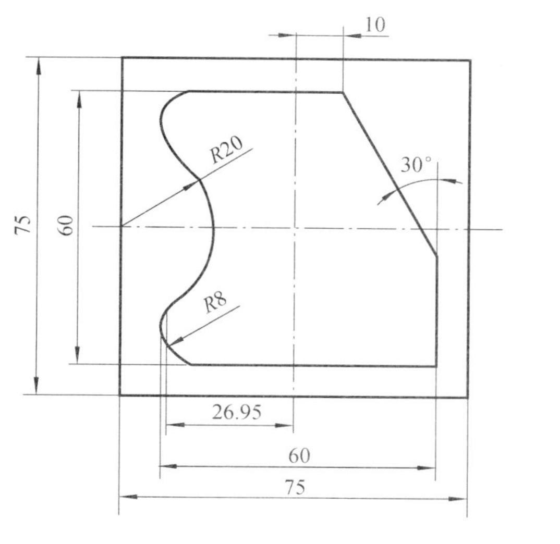

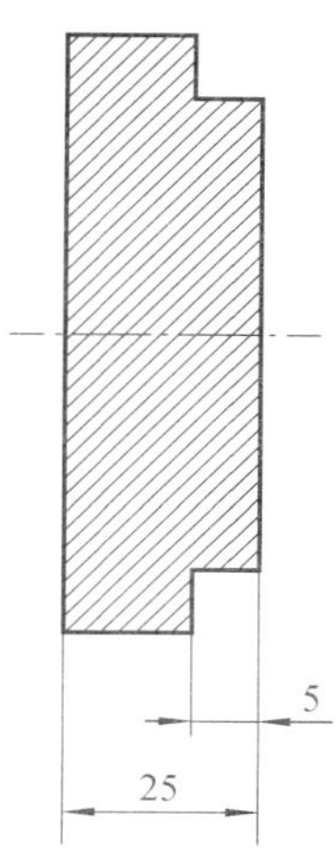

图题 1-4

任务1.3　型腔类零件的编程与加工

任务描述

型腔类零件（图1-34）有半封闭和全封闭两种类型，由于在加工时刀具不像加工平面和外轮廓那样排屑顺畅，因此切削热量不宜排出。本任务的学习将使学生了解并掌握型腔类零件的加工工艺和加工方法。

图1-34　型腔类零件

任务目标

1. 了解顺铣、逆铣的区别和应用场合。
2. 掌握键槽铣刀的选用原则和切削参数的确定。
3. 懂得斜向下刀和螺旋下刀的编程知识。
4. 能制订型腔类零件的工艺路线。
5. 掌握型腔类零件的编程方法和技巧。

1.3.1 工艺分析

1. 图样分析

下面主要介绍铣削工艺、开放型型腔类零件的工艺、子程序编程指令，详见视频“铣削工艺、开放型型腔类零件的工艺、子程序编程指令”。

扫码观看视频

铣削工艺、开放型型腔类零件的工艺、子程序编程指令

（1）开放型腔

毛坯是尺寸为 90mm×90mm×20mm 的长方体，在一上表面上铣削。如图 1-35 所示，六个半封闭长槽 $8_{0}^{+0.036}$ mm，均匀分布在 $\phi70_{-0.074}^{0}$ mm 的圆形凸台上。

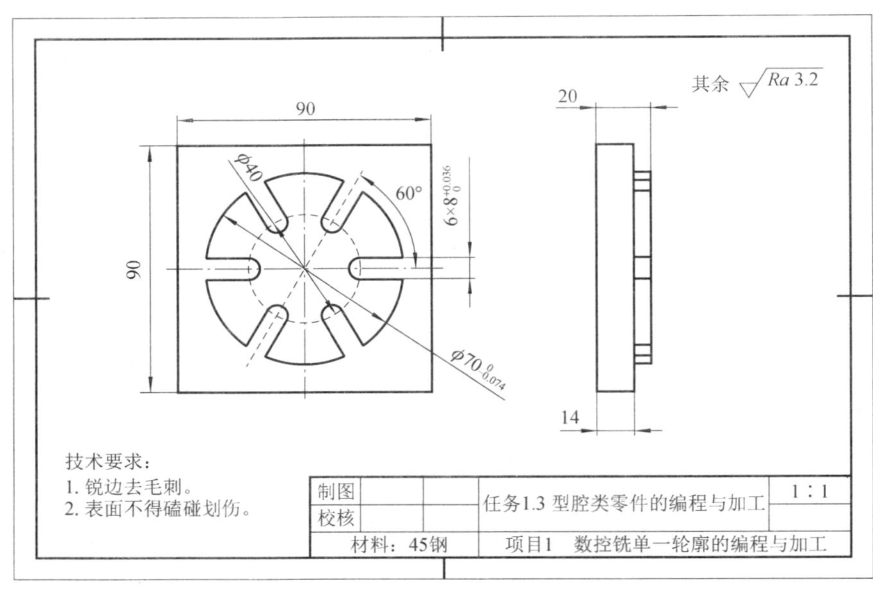

图 1-35　任务 1.3 开放型腔的图样

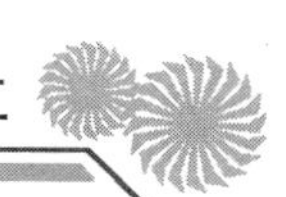

下面主要介绍封闭型型腔类零件的工艺、螺旋插补编程指令，详见视频“封闭型型腔类零件的工艺、螺旋插补编程指令”

（2）封闭型腔

毛坯是尺寸为90mm×90mm×20mm的长方体，在一上表面上铣削。如图1-36所示，两个圆形凹槽ϕ40mm和ϕ20mm，两个带圆弧角过渡的方形凹槽30mm×30mm和15mm×15mm，整体为对称分布，凹槽深度为6mm。

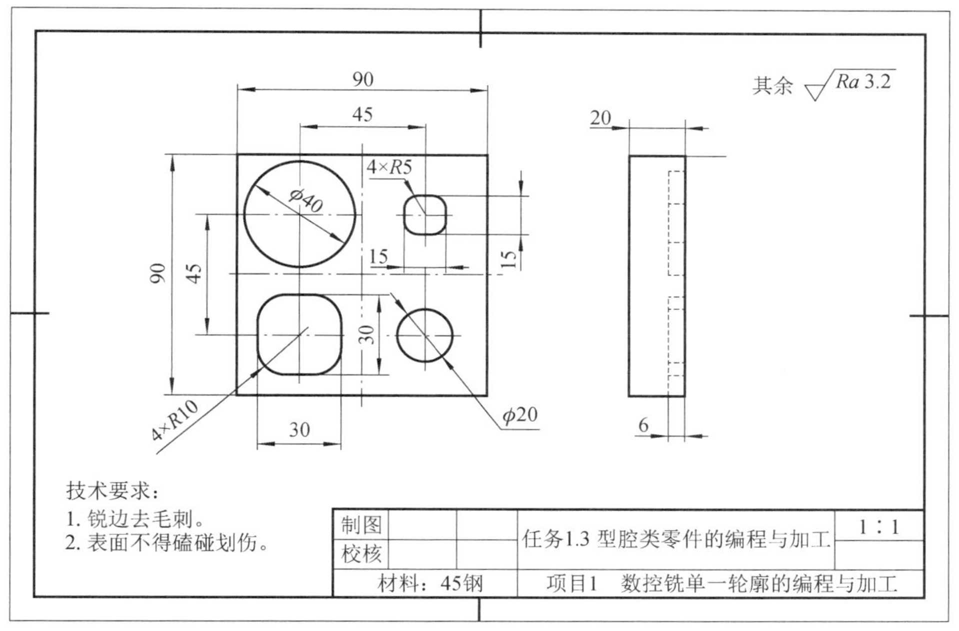

图1-36　任务1.3封闭型腔的图样

2. 编制工艺卡

（1）开放型腔

1）零件图与毛坯分析。该零件尺寸公差为自由公差，六个键槽均匀分布，通过旋转进行零件加工比较合适。选择右端水平放置的凹槽作为子程序，将其逆时针旋转，角度依次为60°、120°、180°、240°、300°。

毛坯材料为铝合金，尺寸为90mm×90mm×20mm的长方体。

2）走刀路线确定。从右端槽的上边界延长线切入，绕工件铣削一圈，从下半截的延长线切出。

3）刀具及切削用量选择。选取ϕ63mm面铣刀与ϕ6mm立铣刀。

① 刀具卡（表 1-11）。

② 工序卡（表 1-12）。

表 1-11　开放型腔刀具卡

刀具号	刀具名称	刀具规格	刀具材料
T01	面铣刀	ϕ63mm	涂层刀片
T02	立铣刀	ϕ6mm	高速钢

表 1-12　开放型腔工序卡

工步	工步内容	刀具号	主轴转速/（r/min）	进给速度/（mm/min）	背吃刀量/mm
1	铣削上表面	T01	700	200	0.5
2	粗铣槽轮廓	T02	900	100	6
3	精铣槽轮廓	T03	1000	100	0.5

（2）封闭型腔

1）零件图与毛坯分析。该零件四个封闭槽分别位于第一、第二、第三、第四象限，其中几何中心各不相同，可以采用局部坐标系指令；第一和第三象限，第二和第四象限形状一致，只是比例大小发生了变化，可以采用坐标系平移和比例缩放指令进行编程。毛坯是尺寸为 90mm×90mm×20mm 的长方体，材料为铝合金。

2）走刀路线确定。从某条边的延长线切入，绕工件铣削一圈，从最后一条边切的延长线切出。

3）刀具及切削用量选择。根据图样，选取ϕ8mm 立铣刀加工第一、第三象限方形型腔，选取ϕ14mm 立铣刀加工第二、第四象限圆形型腔（都采用螺旋下刀）。

① 刀具卡（表 1-13）。

表 1-13　封闭型腔刀具卡

刀具号	刀具名称	刀具规格	刀具材料
T01	面铣刀	ϕ63mm	涂层刀片
T02	立铣刀	ϕ8mm	高速钢
T03	立铣刀	ϕ14mm	高速钢

② 工序卡（表 1-14）。

表 1-14　封闭型腔工序卡

工步	工步内容	刀具号	主轴转速/（r/min）	进给速度/（mm/min）	背吃刀量/mm
1	铣削上表面	T01	1000	200	0.5
2	粗铣圆形内轮廓	T02	700	100	6
3	粗铣矩形内轮廓	T03	500	100	6
4	精铣圆形内轮廓	T02	800	100	0.2
5	精铣矩形内轮廓	T03	600	100	0.2

1.3.2 程序编制

1. 开放型腔

(1) 加工前的准备

1) 装夹方式：用机用平口钳装夹，垫上等高垫铁，校正固定钳口与机床工作台 *X* 轴方向的平行度。

2) 刀具选择与安装：将需要使用的刀具安装至相应刀柄中，保证安全可靠。

(2) 加工程序的编制

参考程序见表 1-15 和表 1-16。

表 1-15 加工参考程序（主程序）

刀具	T02 ϕ6mm 粗加工立铣刀	
程序段号	程序	说明
	O0010；	程序名
N10	G90 G94 G21 G40 G17 G54；	程序初始化
N20	G0 G43 H01 Z100；	刀具在 *Z* 向调用长度补偿快速定位
N30	M03 S900；	主轴正转
N40	X65 Y0；	刀具在 *XY* 平面快速定位
N50	G0 Z2 M08；	刀具在 *Z* 向快速接近工件，切削液开
N60	G01 Z-6 F50；	到达 *Z* 向加工位置
N70	G41 X35 Y0 D01；	轮廓延长线上建立刀补
N80	G03 X35 Y0I-35 J0；	加工整圆外轮廓
N90	G1 G40 X65 Y0；	取消刀具半径补偿
N100	G0 Z100；	刀具抬至安全高度
N110	M98 P1000；	调子程序加工第一个槽
N120	G68 X0 Y0 R60.0；	旋转 60° 准备加工第二个槽
N130	M98 P1000；	第二次调子程序
N140	G68 X0 Y0 R120.0；	旋转 120° 准备加工第三个槽
N150	M98 P1000；	第三次调子程序
N160	G68 X0 Y0 R180.0；	旋转 180° 准备加工第四个槽
N170	M98 P1000；	第四次调子程序
N180	G68 X0 Y0 R240.0；	旋转 240° 准备加工第五个槽
N190	M98 P1000；	第五次调子程序
N200	G68 X0 Y0 R300.0；	旋转 300° 准备加工第六个槽
N210	M98 P1000；	第六次调子程序
N220	G69；	取消旋转
N230	G49 G0 Z100；	取消长度补偿
N240	M05；	主轴停转
N250	M30；	程序结束

表 1-16 加工参考程序（子程序）

刀具	T02 ϕ6mm 粗加工立铣刀	
程序段号	程序	说明
	O1000;	程序名
N10	X55 Y0;	移至下刀点
N20	G0 Z2;	快速接近至工件上表面 2mm 处
N30	G01 Z-6F 50;	下刀
N40	G1 G41 X55 Y4 D01;	建立刀具半径补偿
N50	X20 F100;	轮廓加工
N60	G03 X20 Y-4 R4.0;	
N70	G01 X55;	
N80	G1 G40 X55 Y0;	取消刀具半径补偿
N90	G00 Z10;	刀具抬至上表面上方 10mm 处
N100	M99;	子程序结束

1）按 MDI 面板上的程序键 PROG，输入程序名“O0010”，按插入键。

2）在新的程序名下面输入以上程序。

3）按复位键 RESET，使光标回复到程序头。

（3）程序校验

1）机械锁住+空运行方式。首先将进给倍率调节旋钮调至“0”，然后按图形显示键 CSTM/GR，进入图形显示界面并按空运行键 DRY RUN。

接着按循环启动按钮，并慢慢调节进给倍率调节旋钮，观察图形正确与否。

注意：当模拟校验完成后，要将“机械锁住+空运行”解除，并且将机床重新进行回零点操作。

2）空运行方式。首先在“EXT”坐标系下的 Z 轴输入“100”，其意义是将工件坐标系的 Z 轴零点抬高 100mm，然后按图形显示键 CSTM/GR，进入图形显示界面，再按空运行键 DRY RUN。

接着按循环启动按钮，并慢慢调节进给倍率调节旋钮，此时可以观察刀具真实的走刀路线及与工件的实际相对位置。

注意：当模拟校验完成后，要将“空运行”解除。

2. 封闭型腔

（1）加工前的准备

1）装夹方式：用机用平口钳装夹，垫上等高垫铁，校正固定钳口与机床工作台 X

轴方向的平行度。

2）刀具选择与安装：将需要使用的刀具安装至相应刀柄中，保证安全可靠。

（2）加工程序的编制

参考程序见表1-17～表1-22。

表1-17　第二象限大圆轮廓加工主程序参考

程序段号	程序	说明
	O0001；	程序名（第二象限大圆轮廓加工主程序）
N10	G90 G54 G40 G50；	程序开始部分
N20	M03 S500；	主轴正转，转速500r/min
N30	G52 X-22.5 Y22.5；	建立局部坐标系
N40	G00 Z100；	刀具沿 Z 方向抬高至安全度Z100
N50	M98 P0002；	调用子程序
N60	G00 Z100；	刀具沿 Z 方向抬高至安全度Z100
N70	G52 X0 Y0；	取消局部坐标系
N80	M30；	程序结束

表1-18　第二象限大圆轮廓加工子程序参考

程序段号	程序	说明
	O0002；	子程序名（第二象限大圆轮廓加工子程序）
N10	G00 X0 Y0；	定位下刀点
N20	Z5；	快速接近至工件上表面5mm处
N30	G01 Z-6 F100；	下刀至指定深度
N40	G41 D1 X20；	建立刀具半径补偿
N50	G03 I-20；	加工整圆轮廓
N60	G01 G40 X0；	取消刀具半径补偿
N70	M99；	子程序结束

表1-19　第四象限小圆轮廓加工主程序参考

程序段号	程序	说明
	O0003；	程序名（第四象限小圆轮廓加工主程序）
N10	G90 G54 G40 G50；	程序开始部分
N20	M03 S500；	主轴正转，转速500r/min
N30	G00 Z100；	刀具沿 Z 方向抬高至安全度Z100
N40	G52 X22.5 Y-22.5；	建立局部坐标系
N50	G51 X0 Y0 P0.5；	缩放0.5倍
N60	M98 P0002；	调用子程序

续表

程序段号	程序	说明
	O0003;	程序名（第四象限小圆轮廓加工主程序）
N70	G50;	取消缩放
N80	G00 Z100;	刀具沿 Z 方向抬高至安全度 Z100
N90	G52 X0 Y0;	取消局部坐标系
N100	M30;	程序结束

表 1-20　第一象限方形轮廓加工主程序参考

程序段号	程序	说明
	O0004;	程序名（第一象限方形轮廓加工主程序）
N10	G90 G54 G40 G50;	程序开始部分
N20	M03 S700;	主轴正转，转速 700r/min
N30	G52 X22.5 Y22.5;	刀具沿 Z 方向抬高至安全度 Z100
N40	G00 Z100;	建立局部坐标系
N50	M98 P0005;	调用子程序
N60	G90 G00 Z100;	刀具沿 Z 方向抬高至安全度 Z100
N70	G52 X0 Y0;	取消局部坐标系
N80	M30;	程序结束

表 1-21　第一象限方形轮廓加工子程序参考

程序段号	程序	说明
	O0005	子程序名（第一象限方形轮廓加工子程序）
N10	G00 X0 Y0;	定位下刀点
N20	Z5;	快速接近至工件上表面 5mm 处
N30	G01 Z-6 F100;	下刀至指定深度
N40	G41 D1 X7.5;	建立刀具半径补偿
N50	Y7.5 R5;	轮廓加工程序
N60	X-7.5 R5;	
N70	Y-7.5 R5;	
N80	X7.5 R5;	
N90	Y0;	
N100	G40 X0;	取消刀具半径补偿
N110	M99;	子程序结束

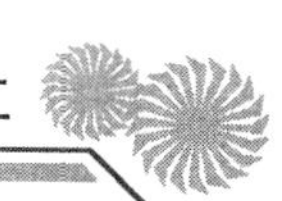

表 1-22　第三象限方形轮廓加工主程序参考

程序段号	程序	说明
	O0006	程序名（第三象限方形轮廓加工主程序）
N10	G90 G54 G40 G50；	程序开始部分
N20	M03 S700；	主轴正转，转速 700r/min
N30	G00 Z100；	刀具沿 Z 方向抬高至安全度 Z100
N40	G52 X-22.5 Y-22.5；	建立局部坐标系
N50	G51 X0 Y0 P2；	缩放 2 倍
N60	M98 P0005；	调用子程序
N70	G50；	取消缩放
N80	G00 Z100；	刀具沿 Z 方向抬高至安全度 Z100
N90	G52 X0 Y0；	取消局部坐标系
N100	M30；	程序结束

1.3.3　零件加工

详见视频“开放型型腔类零件的加工操作”。

1. 开放型腔零件的加工

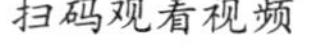
扫码观看视频

开放型型腔类零件的加工操作

1）粗铣所有轮廓。
2）测量尺寸并修改刀具半径补偿值。
3）精铣所有轮廓。

2. 封闭型腔零件的加工

详见视频“封闭型型腔类零件的加工操作”

（1）粗铣型腔

先在刀具表的 D01 位置输入一个比刀具半径大 0.1～0.2mm 的值（如直径 12mm 的立铣刀，可先输入 6.1），然后再选择自动功能，选择所加工的程序。此时在显示屏上可以开启两个窗口，左边为零件在机床内部与刀具真实的位置关系及走刀路线，右边显示程序执行的顺序和位置。每走一个程序段，刀具要走到与其对应的关系，并在左边的屏幕显示相关的坐标点。

扫码观看视频

封闭型型腔类零件的加工操作

（2）测量尺寸并修改刀具半径补偿值

粗铣后用量具测量零件的尺寸，比较测量值与零件图样上所要求的尺寸值的差值（单边值），将刀具表中设置的半径值减去相差的单边值，将计算的值重新输入 D01 位置。

（3）精铣型腔

适当修改一下程序中的切削用量，重新加工零件外轮廓，直至达到图样尺寸。

1.3.4 操作测评

1. 内测千分尺的使用注意事项

1）检测时使用环规。

2）测量时，使用测力装置，避免冲击。

3）测量内孔时，应反复找正，选择最大值为测量值。

4）不要任意拆卸千分尺。

5）保持千分尺的干净整洁。

6）长期不用时，洗净，涂防锈油，放入包装盒内。

7）50mm 以上规格校对用环规或校对用卡规另配。

本任务的任务评价表见表 1-23。

表 1-23 开放型腔铣削任务评价表

项目与权重	序号	技术要求	配分	评分标准	检测记录	得分
加工操作（40%）	1	$\phi70_{-0.074}^{0}$mm	10			
	2	$8_{0}^{+0.036}$mm	10			
	3	60°	10			
	4	6mm	5			
	5	表面粗糙度好	5			
程序与加工工艺（25%）	6	程序格式规范	5			
	7	程序正确、完整	5			
	8	工艺合理	10			
	9	程序参数合理	5			
机床操作（25%）	10	对刀及坐标系设定	5			
	11	机床面板操作正确	10			
	12	手摇操作不出错	5			
	13	意外情况处理合理	5			
安全文明生产（10%）	14	安全操作	5			
	15	机床整理	5			

2. 封闭型腔铣削任务评价表

封闭型腔铣削任务评价表见表 1-24。

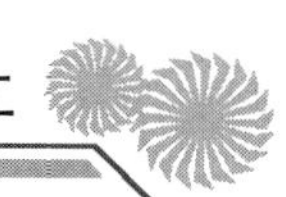

表 1-24　封闭型腔铣削任务评价表

项目与权重	序号	技术要求	配分	评分标准	检测记录	得分
加工操作（40%）	1	ϕ40mm	10			
	2	ϕ20mm	10			
	3	30mm×30mm	10			
	4	15mm×15mm	5			
	5	6mm	5			
程序与加工工艺（25%）	6	程序格式规范	5			
	7	程序正确、完整	5			
	8	工艺合理	10			
	9	程序参数合理	5			
机床操作（25%）	10	对刀及坐标系设定	5			
	11	机床面板操作正确	10			
	12	手摇操作不出错	5			
	13	意外情况处理合理	5			
安全文明生产（10%）	14	安全操作	5			
	15	机床整理	5			

1.3.5　相关知识

1. 内测千分尺的结构

内测千分尺的结构由固定测量爪、活动测量爪、测微螺杆、固定套管、微分筒、测力装置、锁紧装置等组成。固定套管上有一条水平线，这条线上、下各有一列间距为 1mm 的刻度线，上面的刻度线恰好在下面两相邻刻度线的中间。微分筒上的刻度线是将圆周分为 50 等份的水平线，它是旋转运动的，如图 1-37 所示。

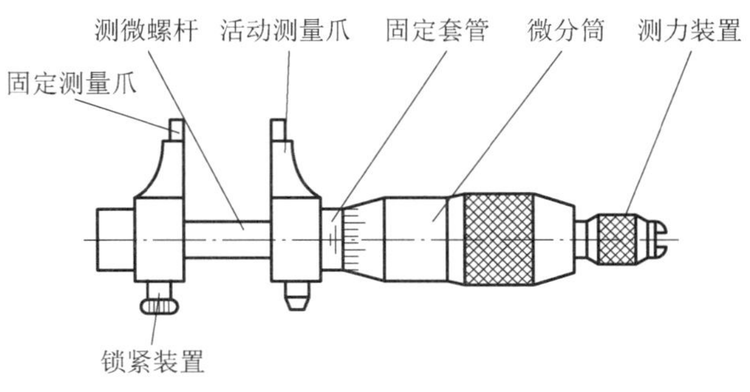

图 1-37　内测千分尺的结构

2. 通用内测千分尺读数的方法

测量时利用测力装置使两侧面与工件接触，首先以固定套管上露出的刻度线读出被测工件的毫米整数和半毫米数，然后从微分筒上由固定套管纵刻度线所对准的刻度线读出被测工件的小数部分（百分之几毫米），不足一格的，估读其数值，将整数与小数相加即为被测尺寸。如图 1-38 所示，读数为 19mm+0.37mm=19.37mm。

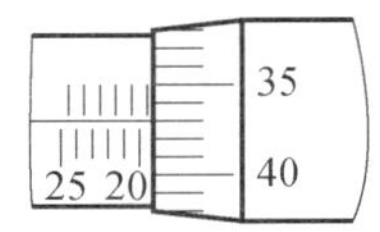

图 1-38　内测千分尺读数

3. 铣削工艺

（1）顺铣与逆铣

1）概念与方向判断。

① 顺铣：铣刀与工件接触部位的旋转方向与工件进给方向相同，如图 1-39 所示。

② 逆铣：铣刀与工件接触部位的旋转方向与工件进给方向相反，如图 1-40 所示。

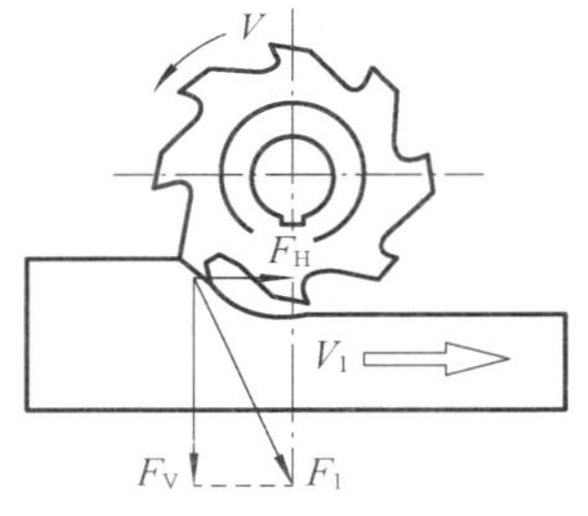

图 1-39　顺铣

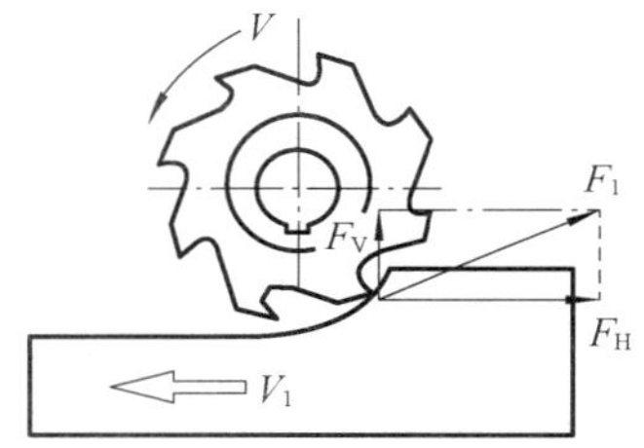

图 1-40　逆铣

2）铣削特点及适用场合。

① 顺铣特点：顺铣时，铣刀刀刃的切削厚度由最大到零，不存在滑行现象。刀具磨损慢，工件硬程度较轻。垂直分力 F_V 向下，对工件有一个压紧作用，有利于工件的装夹。但是水平分力 F_H 方向与工件进给方向相同（图 1-39），不利于消除工作台丝杆和螺母间的间隙，切削时振动大。但其表面粗糙度较好，适合精加工。

② 逆铣特点：逆铣时，铣刀刀刃不能立刻切入工件，而是在工件已加工表面滑行一段距离。刀具磨损加剧，工件表面产生冷硬现象。垂直分力 F_V（图 1-40）对工件有一个上抬作用，不利于工件的装夹。但是水平分力 F_H 方向与工件进给方向相反，有利于消除工作台丝杆和螺母间的间隙，切削平稳，振动小。但其表面粗糙度较差，适合粗加工。

③ 顺铣与逆铣的对比。顺铣与逆铣在加工过程中有着不同的加工特性，具体对比见表 1-25，顺、逆铣的受力对比如图 1-41 所示。

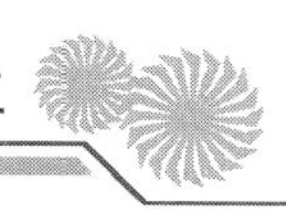

表 1-25 顺铣与逆铣的对比

名称＼项目	切削厚度	滑行现象	刀具磨损	工件表面冷硬现象	对工件作用	消除丝杆与螺母的间隙	振动	损耗能量	表面粗糙度	适用场合
顺铣	从大到小	无	慢	无	压紧	否	大	小	好	精加工
逆铣	从小到大	有	快	有	抬起	是	小	大（5%～15%）	差	粗加工

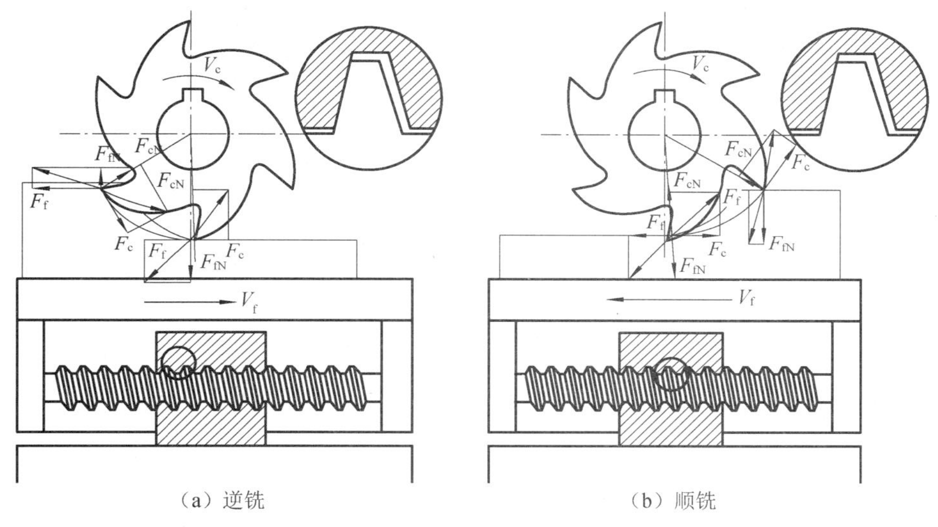

图 1-41 顺、逆铣受力对比图

（2）开放型腔的加工特点

开放型腔的结构特点是轮廓曲线不封闭，留有一个或多个开口，如图 1-42 所示。铣削开放型腔时的工艺、刀具选择、切削用量确定、残料清除等方法与二维外形轮廓铣削基本相同，其进、退刀线通常设计在轮廓开口的延长线上，如图 1-43 所示。由于加工中排屑较二维外形轮廓困难，因此必须喷注大流量的切削液，冲走刀具周围的切屑，带走切削热以冷却刀具。

（3）封闭型腔的加工特点

封闭型腔的结构如图 1-44 所示，其轮廓曲线首尾相连，形成一个闭合的凹轮廓。与开放型腔相比，由于封闭型腔轮廓是闭合的，粗铣时切屑难以排出，散热条件差，故要求刀具应有较好的红硬性能，机床应有足够的功率及良好的冷却系统。同时，加工工艺的合理与否也直接影响型腔的加工质量。在进行封闭型腔粗铣时，通常有以下几种工艺方法。

1）以预钻孔下刀方式粗铣型腔。以预钻孔下刀方式粗铣型腔就是事先在下刀位置预钻一个孔，然后立铣刀从预钻孔处下刀，将余量去除，如图 1-45 所示。这种工艺方法能简化编程，但立铣刀在切削过程中，多次切入、切出工件，振动较大，对刃口的安全性有负面作用。对于深度较大的型腔，立铣刀通常采用长刃玉米铣刀，此时要求机床功率较大，且工艺系统刚度好。

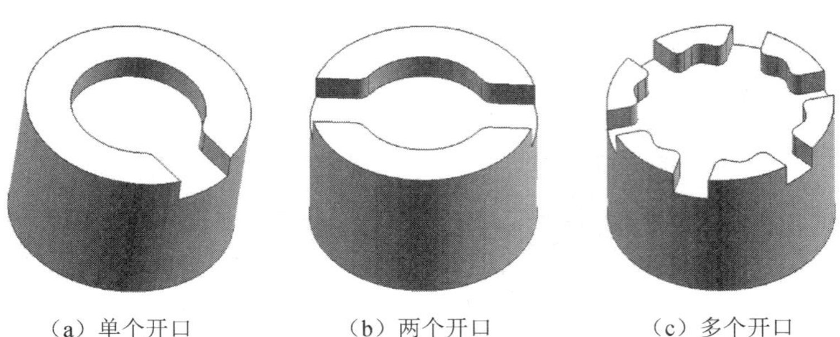

图 1-42　开放型腔的结构类型

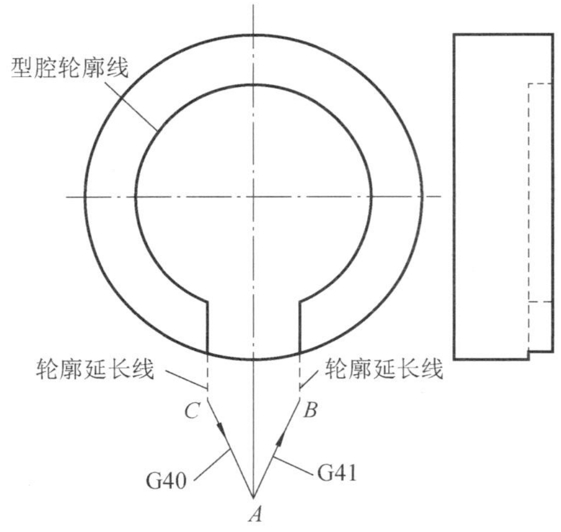

图 1-43　开放型腔数控铣削的进、退刀设计

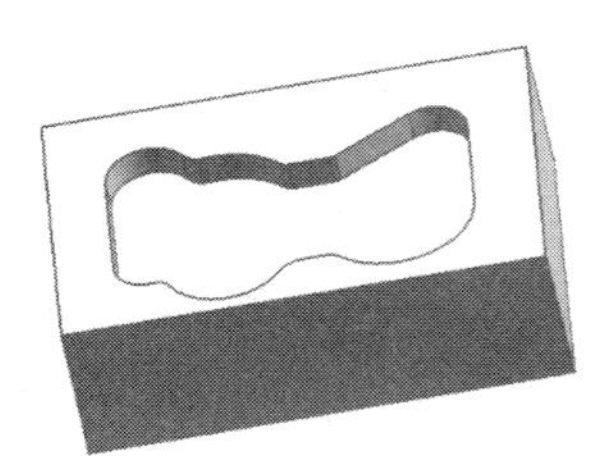

图 1-44　封闭型腔的结构类型

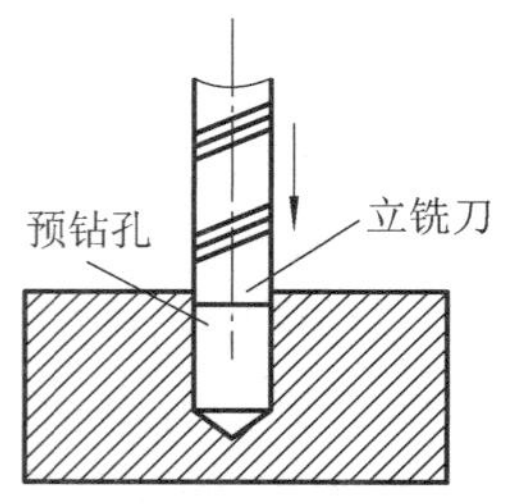

图 1-45　以预钻孔下刀方式粗铣型腔

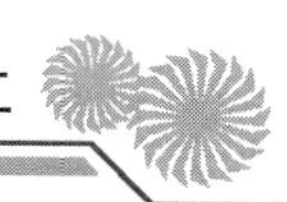

2）以啄钻下刀方式粗铣型腔。以啄钻下刀方式粗铣型腔就是铣刀像钻头一样沿轴向垂直切入一定深度，然后使用周刃进行径向切削，如此反复，一层一层铣削，直至型腔加工完成，如图 1-46 所示。

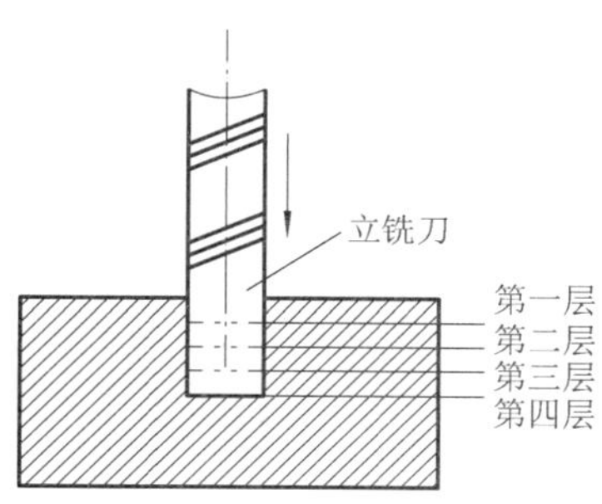

（a）以啄钻下发方式粗铣型腔前的工件　　（b）以啄钻下刀方式粗铣型腔时的走刀路线

图 1-46　以啄钻下刀方式粗铣型腔

执行这种铣削方式时应注意以下三方面的问题。

① 每次啄铣深度由刀具中心刃可切削的深度决定，对于无中心刃立铣刀，每次啄铣深度不应超过刀具端面中心凹坑深度。

② 由于立铣刀无定心功能，啄铣时刀具会发生剧烈晃动，因此不可贴着型腔侧壁下刀，否则会过切侧壁，从而影响尺寸精度及表面质量。

③ 采用啄铣排屑较为困难，因此要采取有效措施将切屑从型腔中及时排出。

3）以坡走下刀方式粗铣型腔。以坡走下刀方式粗铣型腔就是刀具以斜线方式切入工件来达到 Z 向进刀的目的，也称斜线下刀方式。使用具有坡走功能的立铣刀或面铣刀，在 X、Y 或 Z 轴方向进行线性坡走，可以达到刀具在轴向的最大切深。以坡走下刀方式粗铣型腔的最大优点在于有效地避免了以啄钻下刀方式粗铣型腔时刀具端面中心处切削速度过低的缺点，极大地改善了刀具切削条件，提高了刀具使用寿命及切削效率，广泛应用于大尺寸的型腔粗加工。但以坡走下刀方式粗铣型腔时坡走角度α必须根据刀具直径、刀片、刀体下面的间隙等刀片尺寸及背吃刀量 a_p 的情况来确定，一般小于 3°，如图 1-47 所示。

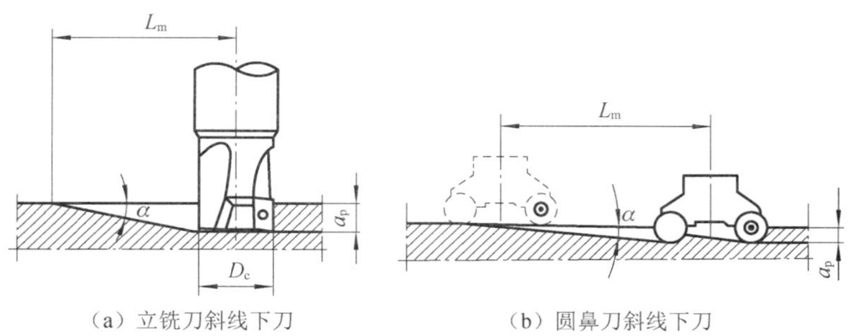

（a）立铣刀斜线下刀　　（b）圆鼻刀斜线下刀

图 1-47　以坡走下刀方式粗铣型腔

4）以螺旋下刀方式粗铣型腔。以螺旋下刀方式粗铣型腔就是在主轴的轴向采用三轴联动螺旋圆弧插补切进工件材料，如图 1-48 所示。以螺旋下刀方式粗铣型腔时，可使切削过程稳定，能有效避免轴向垂直受力造成的振动，且下刀时空间小，非常适合小功率机床和窄深型腔的加工。

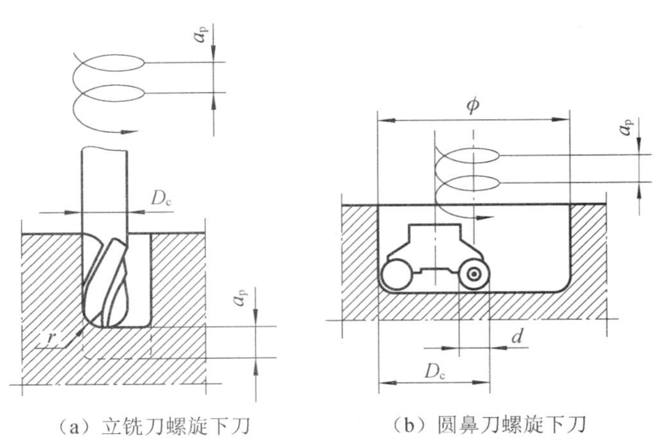

（a）立铣刀螺旋下刀　　（b）圆鼻刀螺旋下刀

图 1-48　以螺旋下刀方式粗铣型腔

以螺旋下刀方式粗铣型腔，其螺旋角通常控制在 5°～15°，同时螺旋半径 R（指刀心轨迹）也需根据刀具结构及相关尺寸确定，常取 $R \geqslant D_c/2$。

4. 螺旋插补编程指令

（1）螺旋插补指令（G02/G03）

该指令控制刀具在 G17/G18/G19 指定的平面内做圆弧插补运动，同时在垂直圆弧平面的直线轴上做直线运动。

其中在 XY 平面内做圆弧插补运动，在 Z 向做直线移动的螺旋插补指令格式为

$$\text{G17}\begin{Bmatrix}\text{G02}\\ \text{G03}\end{Bmatrix}\text{X\_Y\_Z\_}\begin{Bmatrix}\text{R\_}\\ \text{I\_J\_}\end{Bmatrix}\text{F\_}\ ;$$

其中：X、Y、Z——螺旋线终点坐标值；

F——刀具沿圆弧的进给速度，沿另一轴的切削速度 f=F×直线轴的长度/圆弧的长度。

其余参数含义与圆弧插补指令相同。

如图 1-49 所示，刀具从 A 点以螺旋插补方式到达 B 点，其加工程序段为

```
……;
G17 G03 X5 Y0 Z-1 I-5 J0 F40
……;
```

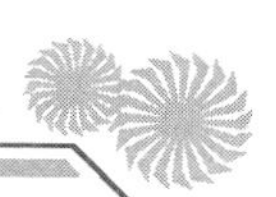

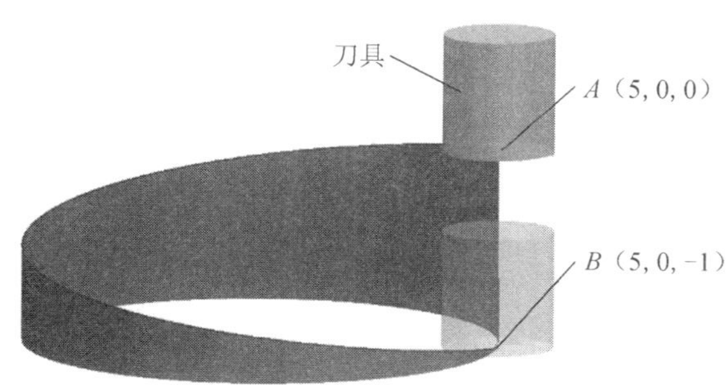

图 1-49　螺旋插补示例

螺旋插补只能对圆弧进行刀具半径补偿，在指定螺旋插补的程序段中不能指定刀具半径与长度补偿。

（2）直线插补指令（G01）

前面已经介绍过直线插补指令的格式：

```
G01  X__Y__Z__F__;
```

运用该指令可以实现坡走方式下刀，即斜线进刀。

（3）局部坐标系指令（即平移）（G52）

指令格式：

```
G52  X__Y__Z__;                    建立局部坐标系
M98 P_;
G52  X0Y0Z0;                       消局部坐标系
```

其中：X、Y、Z——局部坐标系原点在工件坐标系中的坐标值，一般平面上只写 X、Y 坐标，即 G52　X__Y__。

（4）缩放指令（G51）

指令格式：

```
G51 X__Y__Z__P__;
M98 P_;
G50;
```

其中：G51——建立缩放；

G50——取消缩放；

X、Y、Z——缩放中心的坐标值；

P——缩放倍数。

G51 既可指定平面缩放，又可指定空间缩放。在 G51 后，运动指令的坐标值以 *X*、*Y*、*Z* 为缩放中心，按 *P* 规定的缩放比例进行计算。在有刀具补偿的情况下，先进行缩放然后才进行刀具半径补偿、刀具长度补偿。G51、G50 为模态指令，可相互注销，G50 为默认值。

（5）调用指令

指令格式：

```
M98  P ×××  ××××;
```

子程序格式：

```
O××××;                                    子程序号
  ……;
M99;
```

其中：M98——调用子程序，其程序段中不得有其他指令出现；

M99——子程序结束，并返回主程序。

P 后的前 3 位数为子程序被重复调用的次数，当不指定重复次数时，子程序只调用一次。后 4 位数为子程序号。

（6）子程序的嵌套

子程序的调用与执行如图 1-50 所示。

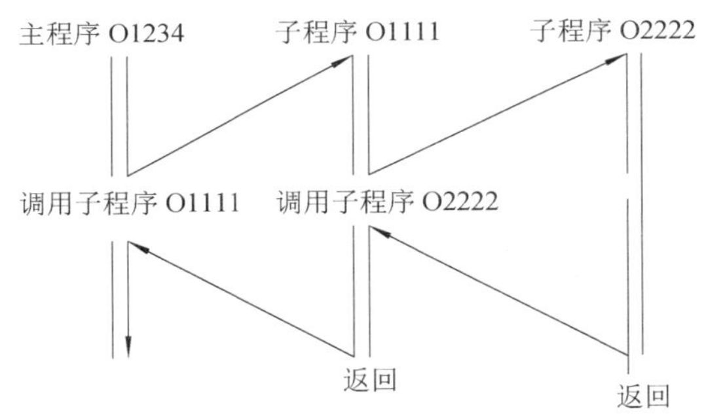

图 1-50　子程序的调用与执行

子程序的调用格式（大多数数控系统采用）：

```
M98  P   L;                      主程序调用子程序
M99;                             子程序结束并返回主程序
```

其中：*L*——调用次数。

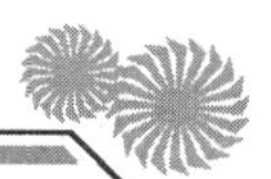

（7）旋转指令

指令格式：

```
G17/G18/G19 G68 X__Y__ R __ ;
……;
G69;
```

其中：G68——建立旋转；

G69——取消旋转；

X、*Y*——旋转中心的坐标值；

R——旋转角度（°），$0 \leqslant R \leqslant 360°$；

G68、G69——模态指令，可相互注销，G69为默认值。

1.3.6 注意事项及问题和探究

1. 注意事项

铣削封闭型腔的过程中，对铣刀的要求较为严格，它直接影响铣削的精度和表面粗糙度。通常，铣削开放型腔时用三面刃盘铣刀或盘铣刀；铣削封闭式键槽时用立铣刀和键槽铣刀。用立铣刀铣削时，应在内型腔中间位置预钻一个与铣刀直径相等的孔，其深度为型腔深度。

2. 问题和探究

加工型腔类零件，在垂直进给时切削条件差，轴向抗力大，切削较为困难。一般根据具体情况采用以下几种方法进行加工：

1）用钻头在铣刀下刀位置预钻一个孔，铣刀在预钻孔位置下刀进行型腔的铣削，此方法对铣刀种类没有要求，下刀速度不用降低，但需增加一把钻头，也增加了换刀和钻孔时间。

2）用键槽铣刀（或有端面刃的立铣刀）直接垂直下刀进给，再进行型腔铣削，此方法下刀速度不能过快，否则会产生振动，损坏切削刃。

3）使用 *X*、*Y* 和 *Z* 方向的线性坡走切削下刀，达到轴向深度后再进行型腔铣削，此方法适宜加工宽度较窄的型腔。

4）螺旋下刀，铣刀在下刀过程中沿螺旋线路径下刀，它产生的轴向力小，工件加工质量高，对铣刀种类也没什么要求，是最佳下刀方式。

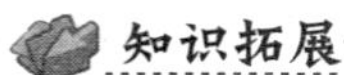

知识拓展

常见刀具行业品牌

1. SECO（瑞士）

在APKT铣刀领域，山高公司的Super Turbo强力旋风铣系列的刀体型号有两种：一种是杆式设计的R217.69，刀体直径为32mm和40mm；另一种是盘式设计的R220.69，刀体直径为50～200mm。刀片XOMX规格原来有6（刃长6mm）、9（刃长9mm）和12（刃长12mm）三种，2003年推出18（刃长18mm），是目前市场上最齐全的型号系列。SECO铣刀如图1-51所示。

图1-51　SECO铣刀

2. WALTER（德国）

WALTER的强项是模具铣刀和铸铁加工刀具。在2001年的欧洲机床展览会（EMO）上，WALTER成功推出了老虎刀片Tiger · Tec，这种非常有创意性的黑金双色镀层在加工铸铁方面表现极其出色，加工效率提高75%。WALTER铣刀（图1-52）整体刀具是最强的，系列比较齐全。

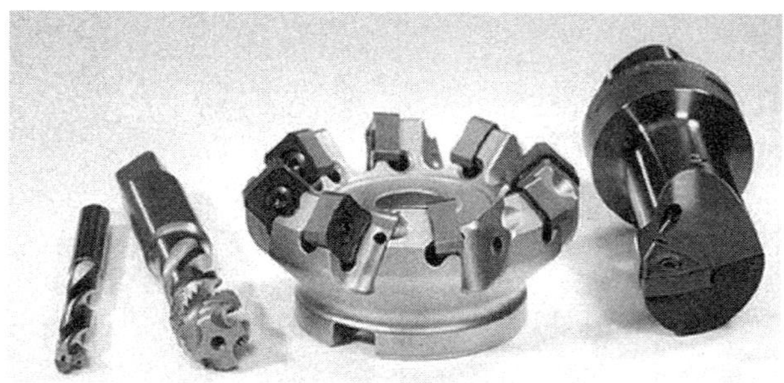

图1-52　WALTER铣刀

3. KENNAMETAL（美国）

美国是当今世界最强的航空航天大国，KENNAMETAL在耐热“超强合金”的加工领域几乎可以用“独孤求败”四个字来形容，从早期开发的PVD涂层KC730和KC732到新近推出的PVD涂层KC5510和KC5525（对应12°正前角的精加工FS和13°正前角的半精加工MS槽型），在切削速度和刀片耐用度上全球无出其右者。例如，用CNMG120404-FS KC5510车削耐热“超强合金”中最难加工的Ni基合金（如inconel 718，HRC40）、Co基合金（如Stellite、镍铬钴合金31、HRC40）及钛合金（如Ti-6AL-4V、HRC30）时，一般公司的切削速度能达到40～80m/min，但KENNAMETAL能达100～200m/min（f=0.15～0.3mm/r），并且刀片耐用度还比其他品牌高一倍。这个速度和耐用度与很多品牌的陶瓷刀具相近。KENNAMETAL铣刀如图1-53所示。

4. ISCAR（以色列）

ISCAR最先是通过其自主研制生产的“SELF-GRIP”自锁紧型切槽刀而成名的。随后，ISCAR重点在切槽刀产品方面进行了大量研制开发，它是目前全球在切槽切断刀领域产品系列最全、功能最完善的品牌。ISCAR刀具的“霸王”既体现在它的切削性能上，又体现在它产品系列的齐全方面。例如，在盘形切槽上，ISCAR拥有全球槽宽最窄W=1.4mm的盘形切铣刀盘（直径D达到125mm）；模块化“霸王刀”系列也是ISCAR的重点特色，它所有的GRIP系列都可以平行或垂直地安装在同一刀柄上，可以进行切断、车削、切槽及端面槽等其材质较好的有IC908、IC903、IC808等。ISCAR比较符合中国的文化，命名比较独特，如风火轮系列、蝴蝶刀系列、变色龙系列及霸王刀。ISCAR铣刀如图1-54所示。

图1-53 KENNAMETAL铣刀

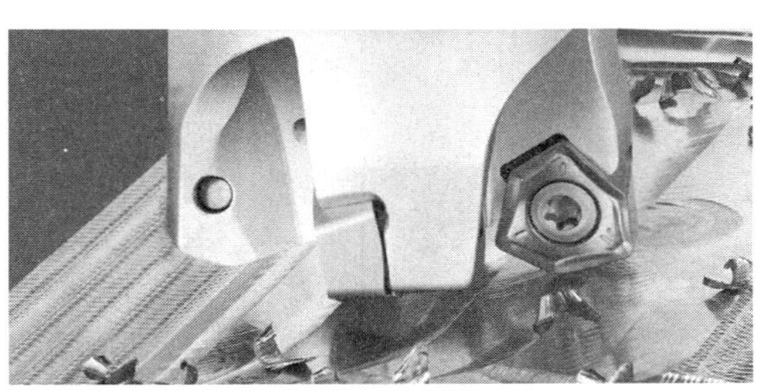

图1-54 ISCAR铣刀

5. KOMET（德国）

KOMET 的 KUB Drills 浅孔钻钻深最大可达到 9*D*；精镗头微调刻度精度目前能达到直径 1μm/刻度。其镗刀系统是其目前最强的行业。KOMET 铣刀如图 1-55 所示。

图 1-55　KOMET 铣刀

6. MAPAL（德国）

德国 MAPAL 公司正式成立于 1977 年，前期主要以生产铰刀和立方氮化硼刀具为主。1994 年收购了一家法国铰刀企业后开始生产多韧型铰刀；1995 年收购了在金刚石和立方氮化硼方面独具优势的德国 WWS 公司，并于 1999 年开始生产 ISO 刀具；2002 年，MAPAL 并购了专门生产硬质合金钻头及立铣刀的 Miller 公司。以目前的优势，MAPAL 不仅能提供创立之初就有的独特的带导条刀具，更是 HSK 短锥系统的始祖之一。MAPAL 精密镗刀及铰刀所加工的圆度、直线度和跳动的精度，全球难有出其右者。其 PCD 整体刀具目前在汽车行业应用很广泛，超出住友集团在 PCD 刀具行业的占有率。MAPAL 铣刀如图 1-56 所示。

图 1-56　MAPAL 铣刀

7. SANDVIK（瑞典）

SANDVIK Coromant 是世界最大的金属切削刀具制造与供应商，其 30000 余种产品覆盖了车削、铣削、孔加工等各个金属加工应用领域。公司非常注重新产品开发，研发投入为业内平均水平的两倍，拥有 600 多个有效专利族。每年以 CoroPak 的形式，在春秋两季向市场推出 2000 余种新产品。SANDVIK 铣刀如图 1-57 所示。

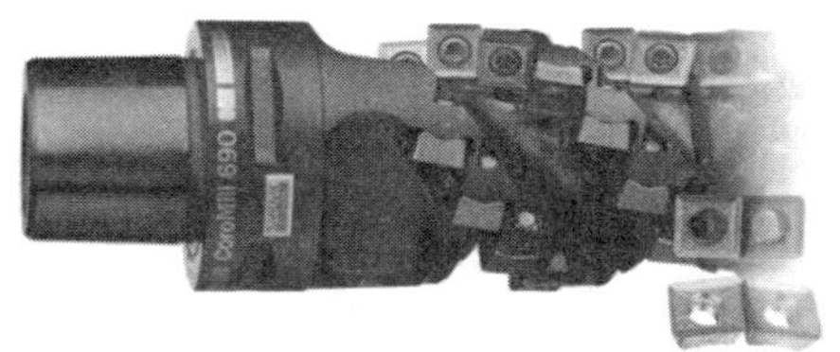

图 1-57　SANDVIK 铣刀

思考与练习

一、填空题

1．子程序调用的格式是________，子程序结束并返回的代码是________。

2．局部坐标系的指令格式是________。

3．在进行封闭型腔粗铣时，通常有________、钻工艺孔进刀、________和________。

4．采用螺旋下刀方式粗铣型腔，其螺旋角通常控制在________，同时螺旋半径 R 常取________。

二、选择题

1．以下代码中，作为 FANUC 系统子程序结束的代码是（　　）。

A．M30　　B．M02

C．M17　　D．M99

2．在程序执行过程中，程序结束后返回主程序开头的代码为（　　）。

A．M30　　B．M02

C．M17　　D．M99

3．“G02/G03 X__Y__Z__R__；”指令中 R 指（　　）。

A．螺旋线的半径　　B．圆弧半径

C．角度　　　　　　　　　　D．*R* 点平面

4．对子程序描述错误的是（　　）。

A．子程序可实现同平面内多个相同轮廓形状工件的加工

B．子程序可代替主程序

C．子程序可实现零件程序的优化

D．子程序可实现零件的分层切削

5．FANUC-0M 系统中指令“M98 P50012”表示（　　）。

A．调用子程序 O5001 两次　　　　B．调用子程序 O12 五次

C．调用子程序 O50012 一次　　　　D．子程序调用格式错误

6．铣刀直径越小，铣削深度越大时，让刀现象（　　）。

A．没有　　　　B．越显著

C．很小　　　　D．都不对

三、判断题

1．M99 与 M30 指令的功能是一致的，它们都能使机床停止一切动作。（　　）

2．FANUC 系统指令“M98 P__L__”中省略了 *L*，则该指令表示调用子程序一次。（　　）

3．如果在主程序中执行 M99，则程序将返回到主程序的开头并继续执行程序。（　　）

4．机床的加工程序必须含有主程序和子程序。（　　）

5．FANUC 系统主程序和子程序的程序名格式完全相同。（　　）

6．子程序结束指令 M99 必须单独书写一行，否则会产生机床误操作。（　　）

7．子程序中不能进行 G90 与 G91 模式的变换。（　　）

四、简答题

1．在进行封闭型腔粗铣时，通常有哪几种工艺方法？

2．试比较顺铣和逆铣两种加工方式。

3．何为让刀现象？

五、综合题

1．找出下列外轮廓数控铣削程序中的错误或不规范之处，说明原因，并加以修改。

```
O0010;
N10 G90 G95 G17 G21 G40 G54;
N20 G91 G28 Z0;
N30 M03 S600;
```

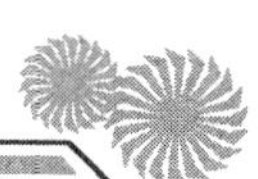

```
N40 M06 T03;
N50 G00 X30.0 Y30.0;
N60 G00 Z30.0;
N70 G00 Z-5.0;
N80 G41 G01 X20.0 Y20.0;
N90 G01 Y40.0 F100;
N100 X40.0;
N110 Y20.0;
N120 X20.0;
N130 Z30.0;
N140 G91 G28 Z0 H01;
N150 M05;
N160 G40;
N170 M30;
```

2．在 G17 平面内画出工件轮廓轨迹，并在表题 1-1 中列出 N80～N120 及 N160、N170 程序段执行后刀具刀位点在工件坐标系中的绝对坐标值（FANUC 系统）。

表题 1-1　程序段号及其刀位点绝对坐标值

程序段号	刀位点绝对坐标值	程序段号	刀位点绝对坐标值
N80		N120	
N90		N160	
N100		N170	
N110			

```
O0010;
……;
N80  G41 G01 X0 Y0 F100 D01;
N90  Y40.0;
N100 G02 X2 Y60 R20;
N110 G01 X40;
N120 X60 Y40;
N130 Y0;
N140 X45;
N150 G03 X15 R-20;
N160 G01 X0;
N170 G40 G01 X-30 Y30;
……;
M30;
```

六、编制如图题 1-5 所示零件的加工程序。

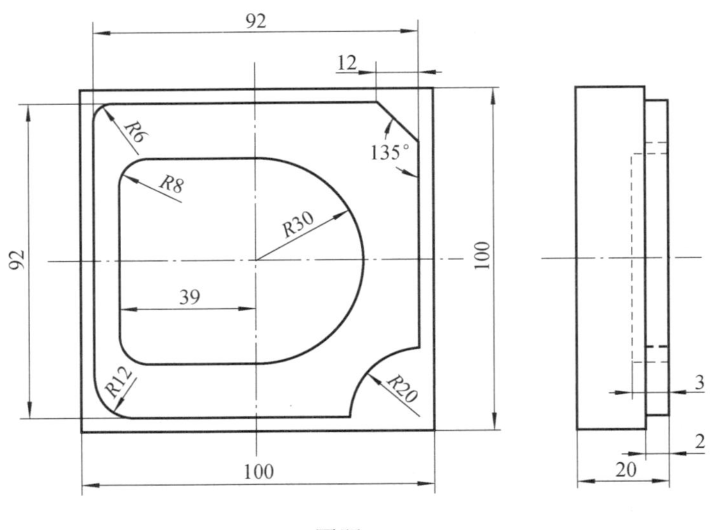

图题 1-5

任务 1.4 孔系类零件的编程与加工

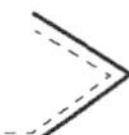

任务描述

本任务的待加工零件为动模固定板（图 1-58），其主要由各类孔特征构成。已知毛坯为 90mm×90mm 的方料，材料为 45 钢。本任务的学习将使学生了解并掌握孔系类零件的加工工艺和加工方法。

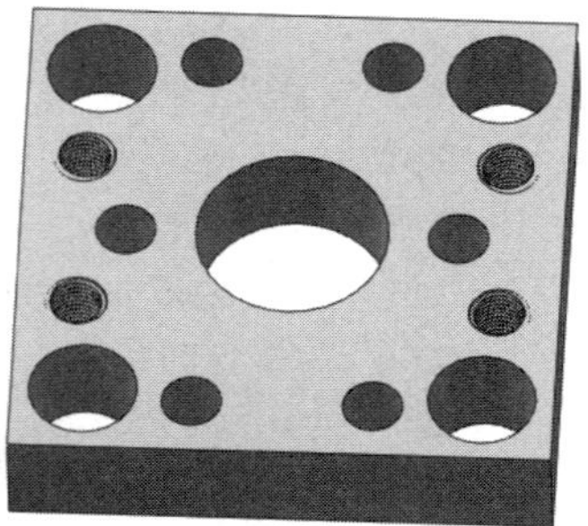

图 1-58 动模固定板

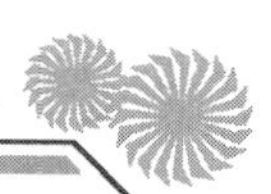

任务目标

1. 能根据孔的类型合理选择孔加工方式。
2. 能合理选用孔加工刀具，并根据实际情况合理设置切削参数。
3. 了解并掌握孔加工的程序指令和编程方法。
4. 掌握孔类量具的正确使用方法。
5. 在数控铣床上完成孔系加工和检测。

1.4.1　工艺分析

1. 图样分析

如图 1-59 所示，零件材料为 45 钢，强度较高，塑性和韧性尚好，可以选用高速钢钻头。该任务主要完成 4 个ϕ10mm 的孔，结构简单。通孔的尺寸公差等级为 IT7，表面粗糙度为 $Ra1.6\mu m$，可通过钻、铰的方法完成。

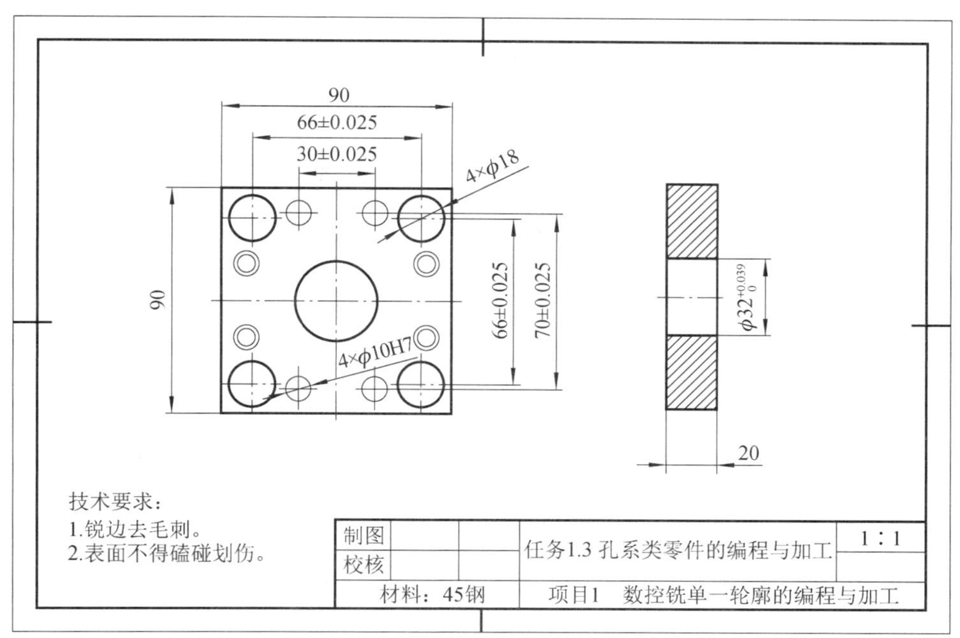

图 1-59　任务 1.4 的图样

2. 编制工艺卡

（1）装夹方式的确定

以工件底面和侧面作为定位基准，可采用精密机用平口钳装夹，选择合适的等高垫铁，夹持12mm左右，使工件贴紧等高垫铁。

（2）刀具、量具、工具的确定

根据零件图样的加工内容和技术要求，确定刀具清单，见表1-26，量具及工具清单见表1-27。

表1-26　刀具清单

序号	名　称	规格或型号	图片	数量
1	中心钻或点钻	A2.5、ϕ6mm		1
2	高速钢麻花钻	ϕ9.8mm平底钻		1
3	高速钢铰刀	ϕ10H7		1

表1-27　量具及工具清单

序号	名称	规格或型号	图片	精度/mm	数量
1	光滑塞规	ϕ10H7	T 直径8H7 Z	0.01	1
2	偏心式寻边器	ME-1020		0.01	1
3	Z轴设定器	ZDI-50		0.01	1
4	铜棒或塑料榔头				1

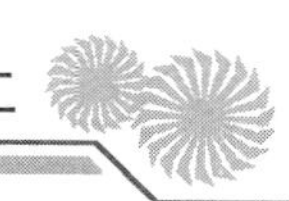

续表

序号	名称	规格或型号	图片	精度/mm	数量
5	等高垫铁	根据机用平口钳和工件自定			1 副

（3）工艺方案的制订

读图分析零件外形及尺寸精度要求，制订如下工艺流程（表 1-28）。

表 1-28　孔系类零件加工工艺卡

工步	加工内容	加工简图	刀具		切削用量		
			名称	直径/mm	背吃刀量/mm	主轴转速/（r/min）	进给速度/（mm/min）
1	钻定位孔		A2.5 中心钻	$\phi 2.5$	4	2000	100
2	加工 $\phi 9.8$mm 通孔		高速钢麻花钻	$\phi 9.8$	26	600	100
3	铰孔		铰刀（HSS）	$\phi 10$H7	25	100	60
4	去毛刺		锉刀				

1.4.2　程序编制

1. 加工前的准备

（1）装夹方式

用机用平口钳装夹，垫上等高垫铁，校正固定钳口与机床工作台 X 轴方向的平行度。

（2）刀具选择与安装

将需要使用的刀具安装至相应刀柄中，保证安全可靠。

2. 加工程序的编制

1）定位孔加工程序见表 1-29。

表 1-29 定位孔加工程序

程序段号	程序	说明
	O0110;	程序名
N10	G54 G17 G40 G90 G80 G21 G69;	程序开始部分
N20	G00 Z100;	刀具抬至安全高度
N30	M03 S2000;	主轴正转
N40	G00 X-15 Y50 M08;	刀具定位至下刀点，切削液打开
N50	G99 G81 X-15 Y35 Z-5 R5 F100 ;	钻四个定位孔
N60	X15;	
N70	X-15 Y-35;	
N80	X15;	
N90	G80;	取消固定循环
N100	G00 Z100 M09;	刀具返回初始平面，切削液关闭
N110	G91 G28 Z0;	Z 轴自动回参考点
N120	M05;	主轴停止
N130	M30;	程序结束并返回程序开头

2）钻孔加工程序见表 1-30。

表 1-30 钻孔加工程序

程序段号	程序	说明
	O0120;	程序名
N10	G54 G17 G40 G90 G80 G21 G69;	程序开始部分
N20	G00 Z100;	刀具抬至安全高度
N30	M03 S600;	主轴正转
N40	G00 X-15 Y50 M08;	刀具定位至下刀点，切削液打开
N50	G99 G83 X-15 Y35 Z-26 R5 Q8 F100;	钻四个孔
N60	X15;	
N70	X-15 Y-35;	
N80	X15;	
N90	G80;	取消固定循环
N100	G00 Z100 M09;	刀具返回初始平面，切削液关闭
N110	G91 G28 Z0;	Z 轴自动回参考点
N120	M05;	主轴停止
N130	M30;	程序结束并返回程序开头

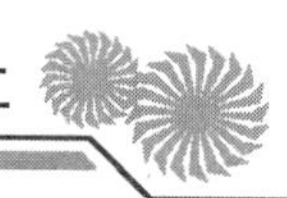

3）铰孔加工程序见表 1-31。

表 1-31　铰孔加工程序

程序段号	程序	说明
	O0130;	程序名
N10	G54 G17 G40 G90 G80 G21 G69;	程序开始部分
N20	G00 Z100;	刀具抬至安全高度
N30	M03 S100;	主轴正转
N40	G00 X-15 Y50 M08;	刀具定位至下刀点，切削液打开
N50	G99 G85 X-15 Y35 Z-26 R5 F60;	铰四个孔
N60	X15;	
N70	X-15 Y-35;	
N80	X15;	
N90	G80;	取消固定循环
N100	G00 Z100 M09;	刀具返回初始平面，切削液关闭
N110	G91 G28 Z0;	Z 轴自动回参考点
N120	M05;	主轴停止
N130	M30;	程序结束并返回程序开头

1.4.3　零件加工

详见视频“孔类零件的加工操作”。

扫码观看视频

孔类零件的加工操作

1）工件装夹、刀具装夹。

2）对刀，设定工件坐标系。

① *X*、*Y* 向对刀通过试切法进行对刀操作得到 *X*、*Y* 零偏值，并输入 G54 中。

② *Z* 向对刀测量 3 把刀的刀位点从参考点到工件上表面的 *Z* 数值（必须是机械坐标的 *Z* 值），分别输入对应的刀具长度补偿中，供加工时调用（G54 中 *Z* 值为 0）。

3）空运行及仿真。空运行及仿真时，使机床机械锁住或在 G54 中的 *Z* 坐标中输入 50mm，按循环启动按钮 CYCLE START，适当降低进给速度，检查刀具运动轨迹是否正确。若在机床机械锁住状态下，“空运行”结束后必须回机床参考点；若在更改 G54 的 *Z* 坐标状态下，“空运行”结束后 *Z* 坐标改为 0，机床不需要回参考点。

4）零件自动加工。首先调节各个进给倍率调节旋钮到最小状态，按循环启动按钮 CYCLE START。机床正常加工过程中适当调节各个进给倍率调节旋钮，保证加工正常进行。

1.4.4 操作测评

1. 光滑塞规的使用

光滑塞规是一种测量工件内尺寸的精密量具，光滑塞规做成最大极限尺寸和最小极限尺寸两种。它的最小极限尺寸一端叫作通端，最大极限尺寸一端叫作止端，在测量中通端塞规应通过小径，止端塞规则不应通过小径。光面塞规规格为ϕ3～500mm，特殊型号可以定做。下面介绍光滑塞规的使用方法。

1）使用前先检查塞规测量面，不能有锈迹、披锋、划痕、黑斑等；塞规的标志应正确清楚。

2）塞规的使用必须在周期检定期内，而且附有检定合格证或标记，或其他足以证明塞规合格的文件。

3）塞规测量的标准条件为温度 20℃，测力 0，在实际使用中很难达到这一要求。为了减少测量误差，尽量使塞规与被测件在等温条件下进行测量，使用的力要尽量小，不允许把塞规用力往孔里推或一边旋转一边往里推。

4）测量时，塞规应顺着孔的轴线插入或拔出，不能倾斜；塞规塞入孔内，不许转动或摇晃塞规。

5）不允许用塞规检测不清洁的工件。

2. 钻、扩、锪任务评价表

本任务的任务评价表见表 1-32。

表 1-32 钻、扩、锪孔任务评价表

项目与权重	序号	技术要求	配分	评分标准	检测记录	得分
加工操作（40%）	1	尺寸精度	10	不合格扣 2 分/处		
	2	表面粗糙度	10	不合格扣 2 分/处		
	3	形状精度	10	不合格扣 2 分/处		
	4	位置精度	10	不规范扣 2 分/处		
程序与加工工艺（30%）	5	固定循环格式规范	10	不规范扣 2 分/处		
	6	程序正确	10	不正确扣 2 分/处		
	7	加工路线合理	10	不合理扣 2 分/处		
机床操作（15%）	8	对刀正确	5	出错扣 2 分/次		
	9	机床操作规范	5	不规范全扣		
	10	刀具选择正确	5	不合理全扣		
安全文明生产（15%）	11	安全操作	10	不规范全扣		
	12	机床整理	5	不规范全扣		

1.4.5　相关知识

详见视频“孔加工铣削工艺、孔加工编程指令”。

1. 孔加工铣削工艺

(1) 数控铣床常用孔加工方案

扫码观看视频

孔加工铣削工艺、孔加工编程指令

现实产品中有各种各样的孔需要加工，如箱体类零件中的孔系、模板类零件中的孔系等。使用数控铣床加工这些孔，根据孔的尺寸精度、位置精度及表面粗糙度等要求，常用钻孔、扩孔、锪孔、铰孔、镗孔及铣孔等加工方法。如何在满足零件尺寸精度的前提下，成本最低，这就需要选择合理的孔加工方案。数控铣床常用孔加工方案的经济精度与表面粗糙度见表 1-33。

表 1-33　数控铣床常用孔加工方案的经济精度与表面粗糙度

序号	加工方案	精度等级	表面粗糙度 Ra/μm	适用范围
1	钻	11～13	50～12.5	加工未淬火钢及铸铁的实心毛坯，也可用于加工孔径小于 15mm 的有色金属
2	钻—铰	9	3.2～1.6	
3	钻—粗铰—精铰	7～8	1.6～0.8	
4	钻—扩	11	6.3～3.2	同上，但孔径大于 20mm
5	钻—扩—铰	8～9	1.6～0.8	
6	钻—扩—粗铰—精铰	7	0.8～0.4	
7	粗镗（扩孔）	11～13	6.3～3.2	除淬火钢外各种材料，毛坯有铸出孔或锻出孔
8	粗镗（粗扩）—半精镗（精扩）	8～9	3.2～1.6	
9	粗镗（扩）—半精镗（精扩）—精镗	IT7～IT8	1.6～0.8	

(2) 钻—铰加工所需刀具

1）中心钻。中心钻主要用于孔加工的预制精确定位，引导麻花钻进行孔加工，减少误差，如图 1-60 所示。由于切削部分的直径较小，中心钻钻孔时应选取较高转速。

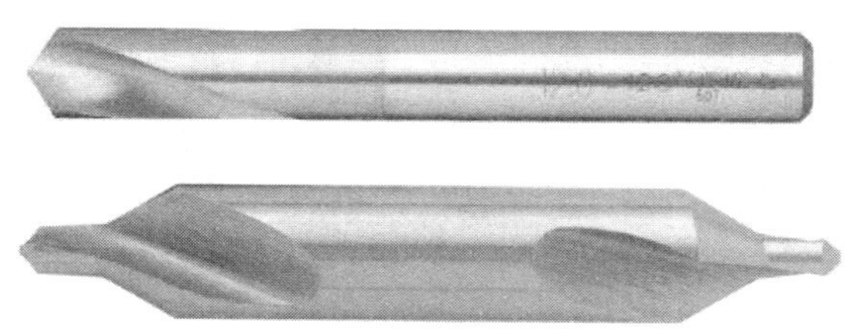

图 1-60　中心钻

2）标准麻花钻。麻花钻是通过相对固定轴线的旋转，切削、钻削工件圆孔的工具。因其容屑槽呈螺旋状形似麻花而得名。

标准麻花钻的切削部分有两个主切削刃、两个副切削刃、一个横刃和两个螺旋槽组成。用在数控机床上钻孔时，因无钻模夹具导向，受两切削刃上切削力不对称的影响，容易引起钻孔偏斜，故要求钻头的两切削刃必须有较高的刃磨精度，如图 1-61 所示。

图 1-61 标准麻花钻

3）深孔钻。深孔是指孔深与直径之比大于 5 的孔。加工深孔时，由于切削热不易传散，切屑不易排出，容易发生阻塞，造成钻头崩刃。同时钻杆细而长，刚性差，易产生振动，引起孔的轴线偏移，从而影响孔的加工精度和生产效率，故应选用深孔钻加工，如图 1-62 所示。

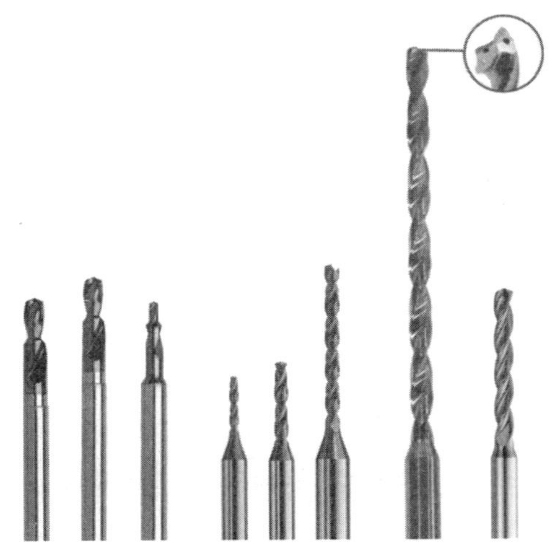

图 1-62 深孔钻

4）机用铰刀。机用铰刀是一种专门供机器使用的铰刀，具有一个或多个刀齿，用以切除已加工孔表面薄层金属的旋转刀具。

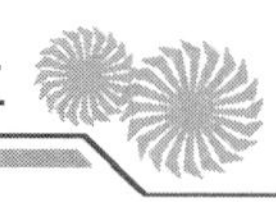

数控铣床采用的铰刀有通用标准铰刀、机夹硬质合金刀片单刃铰刀和浮动铰刀等。铰孔的加工精度可达IT7～IT8级、表面粗糙度 *Ra* 可达1.6～0.8μm。

标准铰刀如图1-63所示，有4～12齿，由工作部分、颈部和柄部三部分组成。

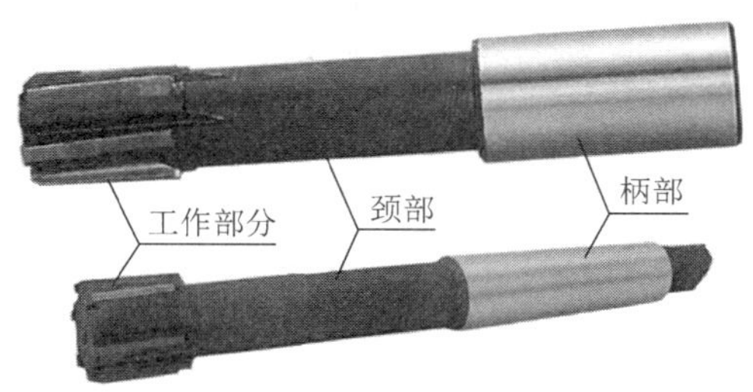

图1-63　标准铰刀

（3）孔加工路线安排

1）寻求最短加工路线，减少空刀时间，以提高加工效率，如图1-64所示。

图1-64（a）为零件上的孔系分布图；图1-64（b）的走刀路线为先加工完外圆孔后，再加工内圆孔；图1-64（c）的走刀路线最短，相对图1-64（b）可节省近一半的定位时间。

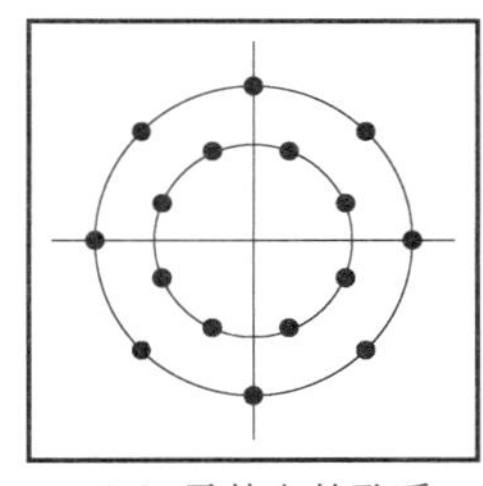

（a）零件上的孔系

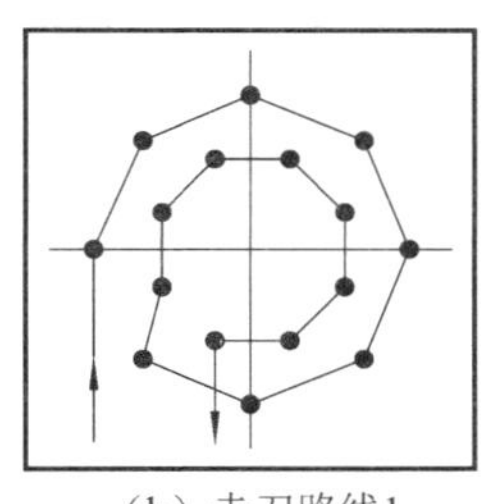

（b）走刀路线1

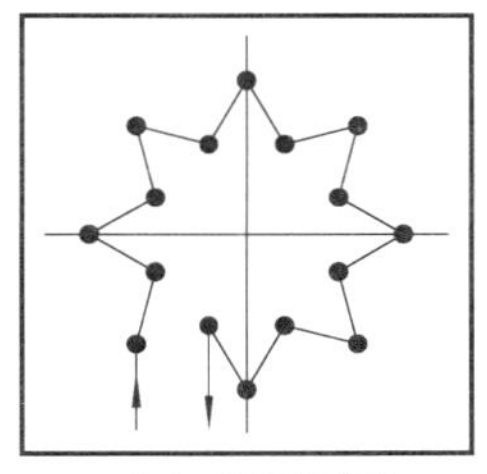

（b）走刀路线2

图1-64　孔加工路线安排

2）位置精度要求较高的孔系的加工路线。对于位置精度要求较高的孔系加工，特别需要注意孔的加工顺序的安排，避免将坐标轴的反向间隙带入，从而影响位置精度。图1-65所示孔系加工，采用 *A*→1→2→3→4→*B*→5→6→7→8的顺序进行加工，可避免坐标轴 *X* 方向的反向间隙带入，提高孔之间的位置精度。

3）孔加工导入量与超越量。孔加工中的导入量 ΔZ 是指在孔加工过程中，刀具自快进转为工进时，刀尖点位置与孔上表面间的距离。导入量通常取2～5mm。超越量如图1-66中的 $\Delta Z'$ 所示，当钻通孔时，超越量通常取 Z_p+（1～3）mm，Z_p 为钻尖高度（通常取0.3倍钻头直径）；铰通孔时，超越量通常取3～5mm；镗通孔时，超越量通常取1～3mm。加工不通孔时，超越量大于等于钻尖高度 Z_p。

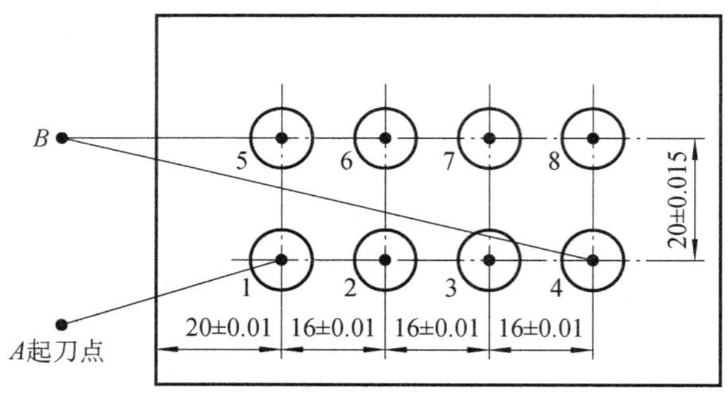

图 1-65　孔加工路线

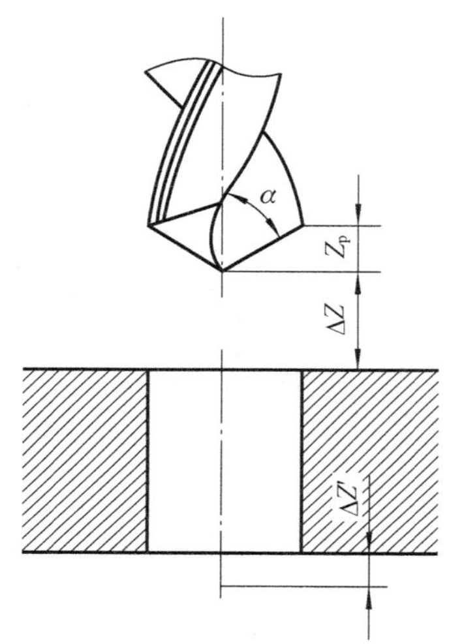

图 1-66　孔加工导入量与超越量

2. 孔加工编程指令

在数控加工中，某些工序的加工动作循环已经典型化。例如，钻孔、镗孔的动作是孔位平面定位、快速进给、工作进给、快速退回等，这样一系列典型的加工动作已经预先编好程序，存储在存储器中，可用包含 G 代码的一个程序段调用，从而简化编程工作。这种包含了典型动作循环的 G 代码称为循环指令。

（1）孔加工固定循环

1）固定循环的平面（图 1-67）。初始平面：初始平面是为安全下刀而规定的一个平面；当使用同一把刀具加工多个孔时，刀具在初始平面内的任意移动将不会与夹具、工件凸台等发生干涉。

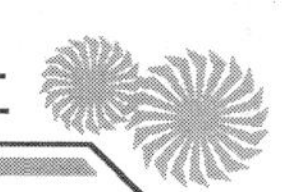

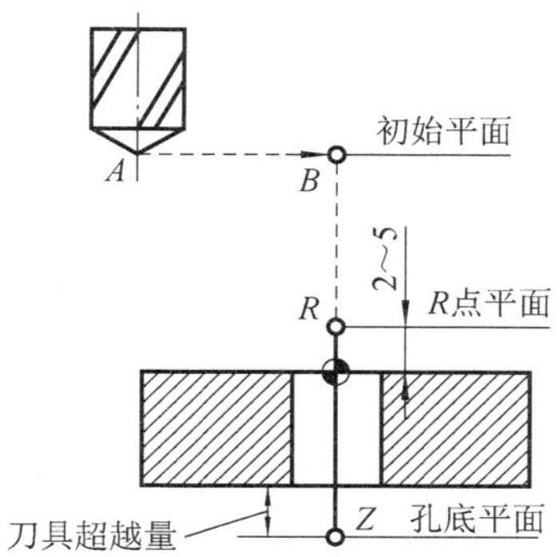

图 1-67　固定循环的平面

R 点平面：*R* 点平面又叫参考平面，是刀具下刀时自快进转为工进的高度平面。

孔底平面：加工不通孔时，孔底平面就是孔底的 *Z* 轴高度；加工通孔时，除要考虑孔底平面的位置外，还要考虑刀具的超越量，保证所有孔深都加工到尺寸。

2）固定循环动作组成（图 1-68）。

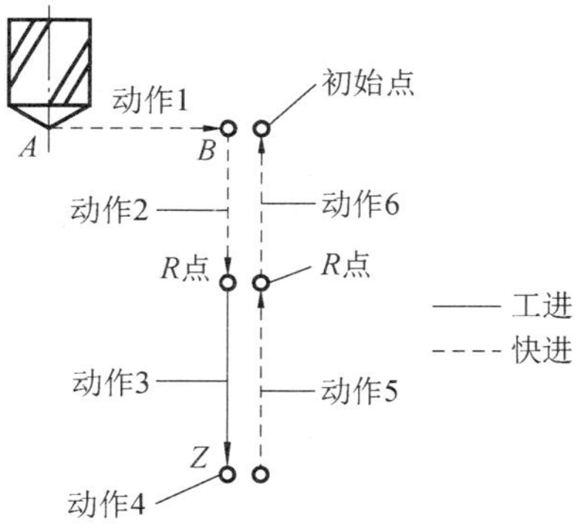

图 1-68　固定循环动作

动作 1：*X*、*Y* 轴快速定位到孔的加工位置。

动作 2：*Z* 向快速进给到 *R* 点平面；在多孔加工时，为了刀具移动的安全，应注意 *R* 点平面 *Z* 值的选取。

动作 3：孔加工，以切削进给方式执行孔的加工动作。

动作 4：在孔底的动作，包括进给暂停、主轴定向停止、刀具移位等动作。

动作 5：以一定的方式返回到 *R* 点平面。

动作 6：快速返回到初始平面。

3）固定循环编程格式。孔加工循环的通用编程格式：

```
G90/G91 G98/G99 G73～G89 X__Y__Z__R__Q__P__F__K__;
```

其中：*X*、*Y*——孔在 *XY* 平面内的位置；

Z——孔底平面的位置；

R——*R* 点平面所在位置；

Q——G73 和 G83 深孔加工指令中刀具每次加工深度或 G76 和 G87 精镗孔指令中主轴准停后刀具沿准停反方向的让刀量；

P——指定刀具在孔底的暂停时间（ms），数字不加小数点；

F——孔加工切削进给时的进给速度；

K——指定孔加工循环的次数，该参数仅在增量编程中使用；

在实际编程时，并不是每一种孔加工循环的编程都要用到以上格式的所有代码。如钻孔固定循环指令格式：

```
G81 X-26  Y26  Z-30  R-7  F60;
```

4）G98 与 G99 指令的区别。G98 与 G99 指令表示孔切削进给结束后，刀具返回时到达的平面。G98 为系统默认返回方式，表示返回至初始平面；G99 表示返回至 *R* 点平面，如图 1-69 所示。

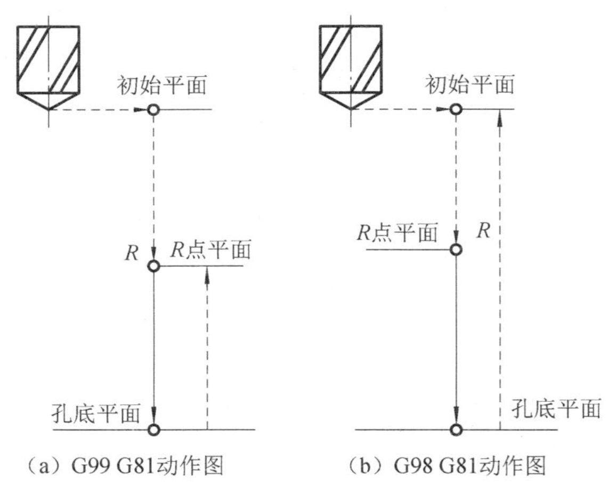

图 1-69　G98 与 G99 指令的区别

5）G90 与 G91 指令的区别。

G90 方式：G90 方式中，*X*、*Y*、*Z* 和 *R* 的取值均指工件坐标系中的绝对坐标值。

G91 方式：G91 方式中，*R* 值是指 *R* 点平面相对初始平面的 *Z* 坐标值，而 *Z* 值是指孔底平面相对 *R* 点平面的 *Z* 坐标值。*X*、*Y* 数据值也是相对前一个孔的 *X*、*Y* 方向的增量距离。示例如图 1-70 所示。

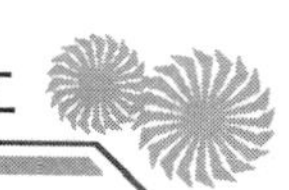

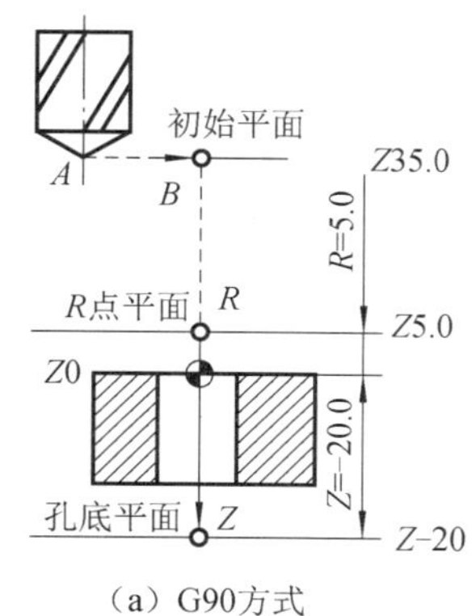

（a）G90方式

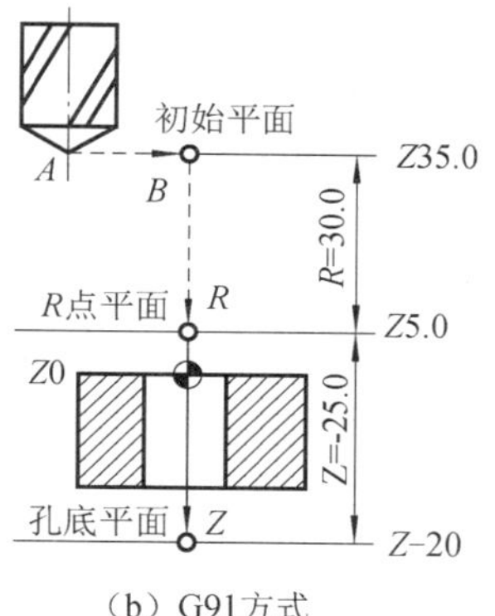

（b）G91方式

图 1-70　G90 与 G91 指令的区别

【例】
```
G90 G99 G83 X__Y__Z-20 R5 Q5 F__K__;
G91 G99 G83 X__Y__Z-25 R-30 Q5 F__ K__;
```

（2）钻孔循环（G81）

指令格式：

```
G98/G99 G81 X__Y__Z__R__F__;
```

其中：*X*、*Y*——孔在 *XY* 平面内的位置；

Z——孔底平面的位置；

R——*R* 点平面所在位置；

F——孔加工切削进给时的进给速度。

刀具以进给速度向下运动钻孔，到达孔底位置后，快速退回（无孔底动作），用于一般定点钻。刀具沿 *X*、*Y* 方向快速定位至孔加工位置，快速移动到 *R* 点平面，从 *R* 点平面至 *Z* 平面进行钻孔切削加工，最后刀具快速返回至初始平面或 *R* 点平面。

（3）高速深孔钻循环指令（G73）与深孔钻循环指令（G83）

1）高速深孔钻循环指令（G73）。

指令格式：

```
G98/G99 G73 X__Y__Z__R__Q__F__;
```

其中：*X*、*Y*——孔在 *XY* 平面内的位置；

Z——孔底平面的位置；

R——*R* 点平面所在位置；

Q——G73 和 G83 深孔加工指令中刀具每次加工深度或 G76 和 G87 精镗孔指令中主轴准停后刀具沿准停反方向的让刀量；

F——孔加工切削进给时的进给速度。

该固定循环用于 Z 轴的间歇进给，有利于断屑，适用于深孔加工，减少退刀量，可以进行高效率的加工。

指令中 Q 为增量值，表示每次切削的进给深度。退刀用快速，每次的退刀量 d 由系统参数设置，如图 1-71 所示。

【例】 `G98 G73 X10 Y20 Z-60 R5 Q10 F50;`

提示： Q 为增量值，表示每次切削的进给深度，在 FANUC 系统中为正值。

2）深孔钻循环指令（G83）。

指令格式：

```
G98/G99 G83 X_Y_Z_R_Q_F_;
```

与 G73 的不同之处在于每次进刀后都返回 R 点平面高度处，这样更有利于钻深孔时的排屑，如图 1-72 所示。

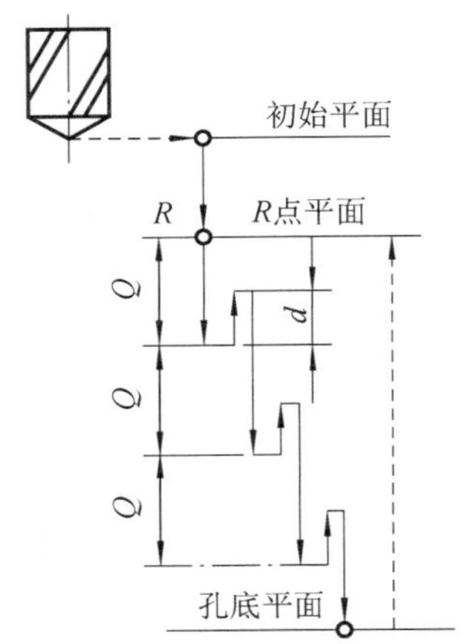

图 1-71　G99 G73 动作图

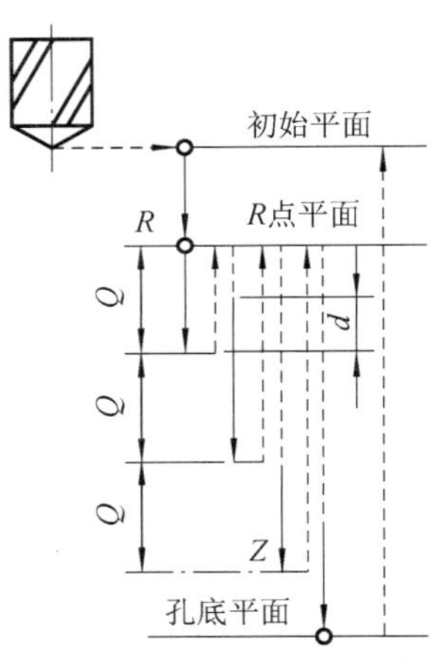

图 1-72　G98 G83 动作图

【例】 `G98 G83 X10 Y20 Z-60 R5 Q10 F50;`

（4）铰孔循环指令（G85）

1）指令格式。

```
G98/G99 G85 X_Y_Z_R_F_;
```

其中：X、Y——孔在 XY 平面内的位置；

Z——孔底平面的位置；

R——R 点平面所在位置；

F——孔加工切削进给时的进给速度。

2）指令动作。刀具以切削进给方式加工到孔底，然后以切削进给方式返回到 R 点平面，如图 1-73 所示。G85 常用于铰孔和扩孔加工，也可用于粗镗孔加工。

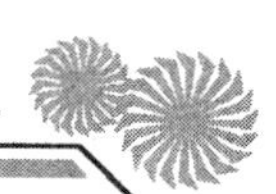

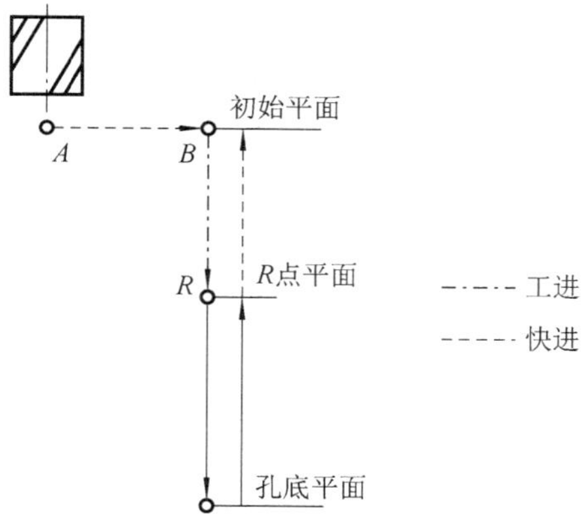

图 1-73　G98 G85 动作图

G81 与 G85 指令的区别如图 1-74 所示。

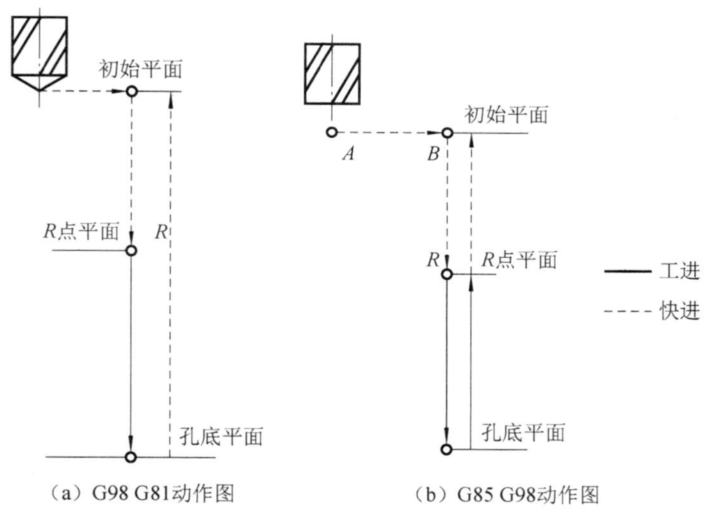

图 1-74　G81 与 G85 指令的区别

（5）固定循环取消指令（G80）

指令格式：

```
G80;
```

指令说明：用于取消所有的固定循环，执行正常操作后，*R* 点和 *Z* 点也被取消。即在增量方式下，*R*=0，*Z*=0，其他钻孔数据也被取消。

【例】
```
G98 G73 X10 Y20 Z-60 R5 Q10 F50;
G80;
```

遇到 G00、G01、G02、G03 代码时，孔加工循环方式也会自动取消。

1.4.6 注意事项及问题和探究

1. 注意事项

1）毛坯装夹时，要考虑垫铁与加工部位是否干涉。

2）钻孔加工前，要先钻中心孔，保证麻花钻起钻时不会偏心。

3）钻孔加工时，要正确合理选择切削用量，合理使用钻孔循环指令。

4）固定循环运行中，若利用复位或急停使数控装置停止，由于此时孔加工方式和孔加工数据还被存储着，因此在开始加工时要特别注意使固定循环剩余动作进行到结束。

5）当程序执行到 M00 暂停时，不允许手动移动机床，应在停止位置手动换刀，继续执行程序。

6）编程时应计算ϕ6mm 和ϕ8mm 钻头的顶点应加工的深度。

7）通常直径大于 30mm 的孔应在普通机床上完成粗加工，留 4～6mm 余量（直径方向），再由数控铣床（加工中心）进行精加工；而小于 30mm 的孔可以直接在数控铣床（加工中心）上完成粗、精加工。

2. 问题和探究

如果钻出来的孔尺寸大于原先规定尺寸，并且与工件不垂直或偏移，这是由于机床主轴旋转不平稳、与工作台面不垂直，或工作台夹工件有松动。这时应测量主轴的圆跳动，并将其调整到合理的范围。

知识拓展

可换钻尖式钻头

在许多情况下，具有硬质合金切削刃的钻头可以提高孔加工效率。尽管整体硬质合金钻头可以提供极高的加工精度和很长的刀具寿命，但此类刀具也可能非常昂贵（取决于刀具直径）。这种钻头磨损后，必须进行重磨。采用钢制钻杆和硬质合金可转位刀片的钻头价格比整体硬质合金钻头便宜，而且切削刃磨损后可以简单地对刀片进行转位。然而，可转位刀片式钻头通常并不能提供整体硬质合金钻头那样高的加工精度。硬质合金刀片式扁钻也采用了经济性较好的钢制刀体，但却无法提供复杂的钻尖和排屑槽几何形状。

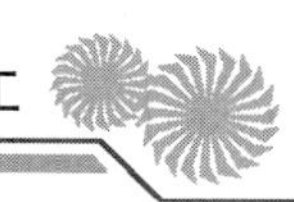

可更换硬质合金钻尖的钻头（图 1-75）则可能具有更高的生产率、加工精度和经济性。这种钻头可以像整体硬质合金钻头那样具有复杂的钻尖和切削刃几何形状，并将钻尖安装在钢制刀体上（图 1-76）。钻尖（图 1-77）可以采用多种紧固方式，如外部或内部螺钉锁紧、简便的旋转卡紧系统等。

图 1-75　可换硬质合金钻尖的钻头

图 1-76　可换硬质合金钻尖钻头的分解图

图 1-77　多种可换钻尖

一般来说，这种钻头加工的孔径尺寸范围为7.6～35mm。如果用于加工更小的孔，可换式钻尖可能会变得很难操作；如果用于加工更大的孔，钻尖的成本则可能变得过于昂贵。尤其对于尺寸较大（ϕ13～35mm）的可换钻尖式钻头，钻尖与刀体的成本要低于相同直径的整体硬质合金钻头。而对于尺寸较小的可换钻尖式钻头，其零件制造成本可能会使钻头价格升高，接近相同直径整体硬质合金钻头的价格。不过，所有可换钻尖式钻头都能通过快速更换切削头而提高生产率（根据不同的钻头设计，更换下来的钻尖或者回收利用，或者重新刃磨）。更换钻尖的便捷性最大限度地减少了换刀造成的加工中断。此外，由于一根钻杆可以适配多种直径的钻尖，因此可以减少刀具库存量。

思考与练习

一、填空题

1．常见孔的加工方法有钻孔、________、________、________和________。

2．加工直径小于15mm且精度较高的孔时，可采用________的加工流程。

3．钻铰加工中所需要用到的刀具有________、________、________。

4．指令“G73～G89 X_ Y_ Z_ R_ Q_ P_ F_ K_；”中的Q指当有间歇进给时，刀具每次________，P指刀具在孔底的________，F指刀具切削进给时的________。

5．钻孔固定循环指令G81的指令格式为________。

6．当刀具加工到孔底平面后，刀具从孔底平面返回有两种方式，即返回到________和返回到________，分别用指令________与________来表示。

7．FANUC 系统孔加工固定循环常用的三个平面从上到下依次为________、________和________。

8．高速深孔钻循环指令G73的指令格式为________。

9．数控铣床采用的铰刀有________、________和________等。

10．深孔是指孔深与直径之比大于________的孔。

二、选择题

1．下列孔加工固定循环格式的代码，除（　　）代号外，其他所有代码都是模态代码。

A．X、Y、Z　　B．R

C．Q　　D．K

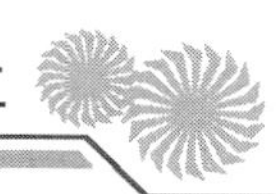

2．下列指令中，在切削过程中主轴反转，在返回过程中主轴正转的固定循环指令是（　　）。

A．G74　　　　B．G84
C．G76　　　　D．G88

3．FANUC 系统加工中心的编程指令中，（　　）不是固定循环指令。

A．G71　　　　B．G73
C．G76　　　　D．G83

4．执行固定循环的（　　）指令时，主轴刀具孔底的动作暂停后变为正转。

A．G74　　　　B．G76
C．G84　　　　D．G86

5. 执行指令“G91 G98 X30 Z－40 R－20 F100 K4; G01 X30; ”后，总共加工出（　　）个孔。

A．1　　　　B．4
C．5　　　　D．8

6．下列孔加工指令中，能执行孔底暂停的指令是（　　）。

A．G73　　　　B．G81
C．G82　　　　D．G83

7. 下列指令中，刀具以切削进给方式加工到孔底，然后主轴停转，刀具快速退到 *R* 点平面后主轴正转的指令是（　　）。

A．G85　　　　B．G86
C．G87　　　　D．G88

8．固定循环 G87 指令中的 *Q* 值是指（　　）。

A．刀具间歇进给时的每次加工深度
B．主轴准停后刀具反方向的偏移量
C．刀具在孔底的暂停时间
D．总镗孔长度

9．FANUC-0i 数控系统中对于细长孔的钻削应采用（　　）固定循环指令。

A．G81　　　　B．G83
C．G73　　　　D．G76

10．下列指令中（　　）指令运用于高速钻孔（断屑）。

A．G73　　　　B．G76
C．G81　　　　D．G83

11．固定循环 G98 G83 指令同时钻三个孔，每次钻完一个孔后刀具回到（　　）。

A．初始平面　　　　B．参考点
C．*R* 点平面　　　　D．5mm 处

12．R 点平面，即孔加工中的导入量 ΔZ，一般情况下取（　　）mm。

A．0～1　　B．2～5

C．6～8　　D．9～10

三、判断题

1．初始平面的设定高度一般应高于夹具、工件凸台等的高度。（　　）

2．孔加工固定循环除采用代码 G80 取消外，没有其他方法可取消。（　　）

3．在没有凸台等干涉的情况下，加工同一平面的孔系时，为了节省孔系的加工时间，刀具采用 G99 方式返回较为合适。（　　）

4．固定循环 G90 方式中的 R 值是指 R 点相对于工件坐标系的 Z 向坐标系。（　　）

5．孔加工固定循环无需采用刀具半径补偿进行编辑。（　　）

6．G81 孔加工进给采用间隙式切削进给。（　　）

7．G73 指令的 Q 值没有正负之分，且始终为正值。（　　）

8．G83 指令中每次间隙进给后的退刀量 d 值由固定循环指令编程确定。（　　）

9．指令 G73 与指令 G83 的指令格式完全相同，因此两指令的执行动作也完全相同。（　　）

10．指令 G81 与指令 G82 相比，G82 更适合于锪孔或阶台孔的加工。（　　）

11．固定循环中的孔底暂停是指刀具到达孔底后主轴暂时停止转动。（　　）

12．在 G74 与 G84 攻螺纹期间，进给倍率均被忽略。（　　）

13．孔加工完后，刀具回换刀点时的走刀路线，应先 X 方向再 Z 方向。（　　）

14．深孔钻削过程中，钻头加工一定深度后退出工件，借此排出切屑，并进行冷却润滑，然后重新向前加工，可以保证孔的加工质量。（　　）

15．在有些情况下 ϕ12H7 的孔可直接铣削加工，并保证尺寸精度。（　　）

16．G73、G83 指令均可用来加工深孔，它们的主要区别在于刀具返程时，G73 回初始平面而 G83 回安全平面（R 点平面）。（　　）

17．对钻孔的表面粗糙度来说，钻削进给速度越快，表面粗糙度越好。（　　）

四、简答题

1．简述 FANUC-0i 数控系统中，深孔钻循环指令 G83 与高速深孔钻循环指令 G73 的区别。

2．在加工一些位置精度要求较高的孔系时，安排加工路线时需要注意哪些问题？

五、编制如图题 1-6 和图题 1-7 所示两个零件的加工程序

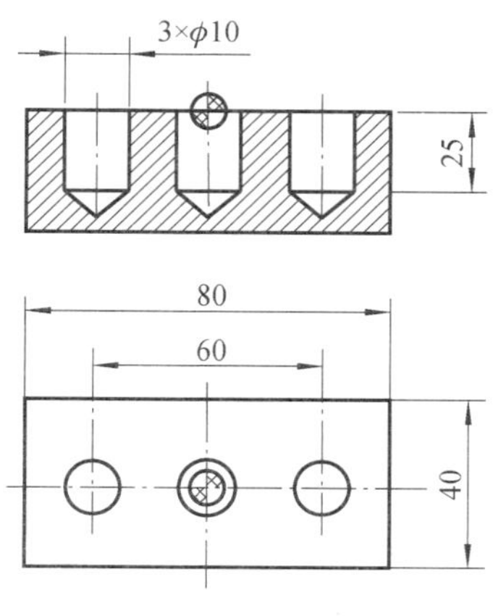

图题 1-6

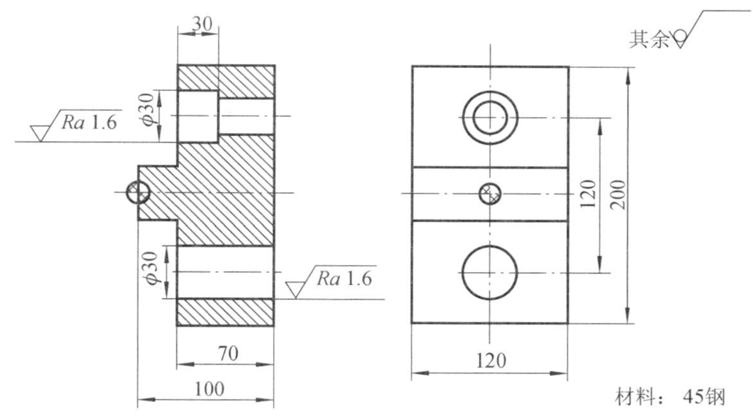

图题 1-7

任务 1.5　螺纹的编程与加工

任务描述

本任务将在任务 1.4 完成的基础上进行，对零件上的 4 个螺纹孔进行攻螺纹加工，使学生了解螺纹加工程序的编写及螺纹的加工。

任务目标

1. 了解并掌握攻螺纹加工指令。
2. 了解螺纹加工的基本工艺。
3. 掌握铣螺纹的编程与加工方法。
4. 掌握螺纹的测量方法。

1.5.1 工艺分析

1. 图纸分析

读图 1-78，分析零件加工要求，该工件除螺纹孔以外的加工要素已经在上个任务中完成。本任务主要完成 4 个 M10 螺纹孔的加工，其主要工艺流程如下：

中心钻定位孔→钻螺纹底孔孔→攻丝

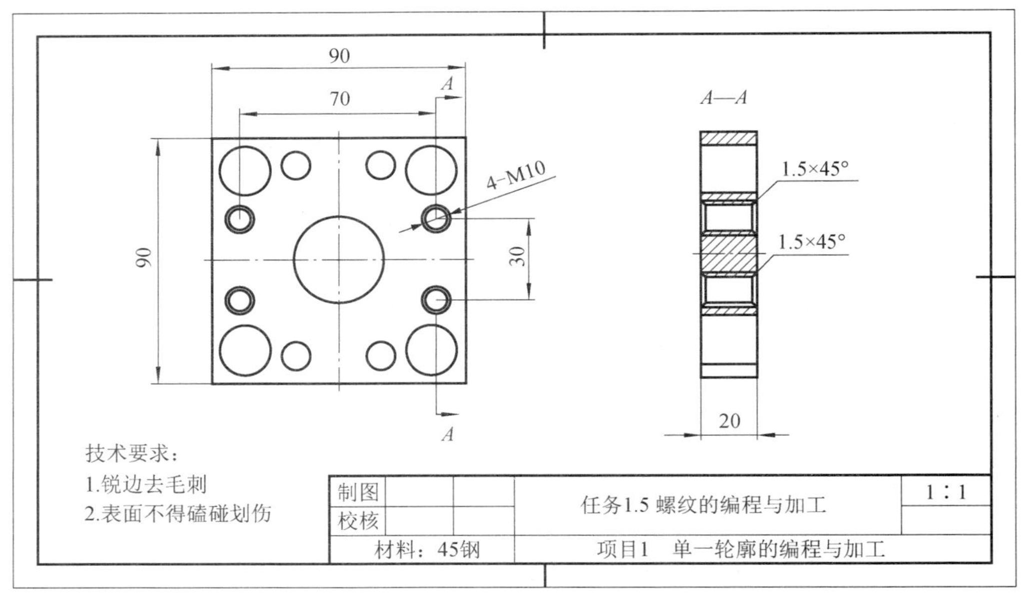

图 1-78

2. 工艺编制

（1）装夹方式的确定

以工件底面和侧面为定位基准，可采用机用精密平口钳装夹，选择合适的等高垫铁，夹持 12mm 左右，使工件贴紧等高垫铁。

（2）工量刃具的确定

根据零件图样的加工内容和技术要求，确定刀具清单，见表1-34。

表1-34　刀具清单

序号	刀具名称	规格或型号	图片	数量
1	中心钻或点钻	A 2.5、ϕ6		1
2	高速钢麻花钻	ϕ8.5 麻花钻		1
3	机用丝锥	M10（P1.5）	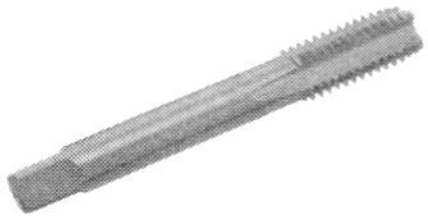	1

（3）刀具及切削用量的选择

常见刀具及切削用量如表1-35所示。

表1-35　刀具规格及其切削用量

加工内容	刀具规格	刀具材料	切削速度/（r/min）	进给量（速度）/(mm/min)	背吃刀量/mm
中心钻定位	A2.5 中心钻	高速钢	2 000	30～50	$D/2$
钻孔	ϕ8.5mm 钻头	高速钢	800	50～100	$D/2$
攻螺纹	M10 丝锥	硬质合金	200	1.5（螺距）	0.85

1.5.2　程序编制

1. 加工前的准备

本任务选用的机床为VK600型FANUC 0i系统数控铣床。选择的螺纹加工刀具如图1-79所示。攻螺纹时，需选用图1-80（a）所示浮动攻螺纹刀柄来装夹图1-80（b）所示攻螺纹夹套，再用攻螺纹夹套来装夹丝锥。刀具规格及其切削用量见表1-36。

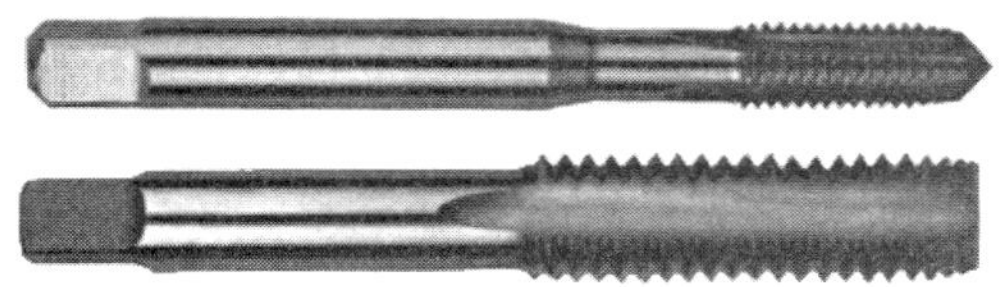

图1-79　机用丝锥

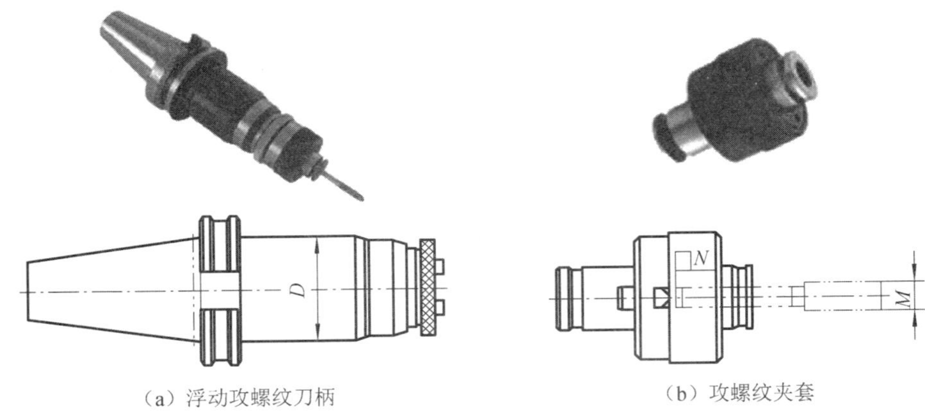

（a）浮动攻螺纹刀柄

（b）攻螺纹夹套

图 1-80 浮动攻螺纹刀柄与攻螺纹夹套

表 1-36 刀具规格及其切削用量

加工内容	刀具规格	刀具材料	切削速度 /（r/min）	进给速度 /（mm/min）	背吃刀量 /mm
中心钻定位	A2.5 中心钻	高速钢	2 000	30～50	$D/2$
钻两个孔	ϕ6.7mm 钻头	高速钢	800	50～100	$D/2$
攻螺纹	M8 丝锥	硬质合金	200	250	0.85

注：D 为钻头直径。

2. 加工程序的编制

本任务工件以轮廓中心为编程原点，攻螺纹的加工程序见表 1-37。

表 1-37 攻螺纹加工程序

程序段号	程序	说明
	O0630；	单独攻螺纹程序
N10	G90 G94 G80 G21 G17 G54；	程序开始部分
N20	G91 G28 Z0；	
N30	M06 T01；	换中心钻
N40	G90 G43 G00 Z30.0 H01；	刀具定位至初始平面
N50	S200 M03 M08；	采用较高的转速
N60	G99 G84 X-24.0 Y0 Z-12.0 R3.0 F1.25；	攻螺纹
N70	X24.0 Y0；	
N80	G80 G49 M09 M05；	取消固定循环
N90	G91 G28 Z0；	程序结束
N100	M30；	

注：请自行编写钻孔、扩孔加工程序。

1.5.3　零件加工

1）工件装夹定位。
2）装刀、对刀。
3）将程序输入数控系统，检查并进行图形模拟。
4）进行粗、精加工和螺纹加工，保证最后尺寸和表面粗糙度。
5）加工完成，卸下工件，清理机床。

1.5.4　操作测评

本任务的任务评价表见表 1-38。

表 1-38　攻螺纹加工任务评价表

工件编号		总得分				
项目与权重	序号	技术要求	配分	评分标准	检测记录	得分
加工操作（65%）	1	15 mm	10	不合格全扣		
	2	M12	10×2	不合格扣 5 分/处		
	3		5	不合格全扣		
	4	*Ra* 3.2 μm	10	不合格全扣		
	5	50 mm	5×2	不规范扣 2 分/处		
	6	螺纹外观	5×2	不合格扣 5 分/处		
程序与加工工艺（25%）	7	程序规范正确	5	不正确扣 2 分/处		
	8	加工路线合理	5	不合理扣 2 分/处		
	9	加工工艺参数合理	5	不合理扣 2 分/处		
	10	螺纹测量方法合理	5	不合理扣 2 分/处		
	11	螺纹质量分析合理	5	不合理扣 2 分/处		
机床操作（10%）	12	机床操作规范	5	不规范全扣		
	13	刀具选择正确	5	不合理全扣		
安全文明生产（倒扣）	14	安全操作	倒扣	不规范倒扣 5～20 分		
	15	机床整理				

1.5.5　相关知识

1. 螺纹铣削工艺

（1）攻螺纹底孔直径的确定

攻螺纹时，螺纹的底孔直径应稍大于螺纹小径，以防攻螺纹时因挤压作用损坏丝锥。底孔直径通常根据经验公式决定，其公式为

$D_{底}=D-P$　　　　　　　　（加工钢件等塑性金属）

$D_{底}=D-1.05P$　　　　　　（加工铸铁等脆性金属）

式中，$D_{底}$——攻螺纹钻螺纹底孔用钻头直径（mm）；

D——螺纹大径（mm）；

P——螺距（mm）。

对于细牙螺纹，其螺距已在螺纹代号中做了标记。而对于粗牙螺纹，每一种尺寸规格螺纹的螺距也是固定的，如 M8 的螺距为 1.25mm，M10 的螺距为 1.5mm，M12 的螺距为 1.75mm 等，具体请查阅有关螺纹尺寸参数表。

（2）不通孔螺纹底孔长度的确定

攻不通孔螺纹时，由于丝锥切削部分有锥角，端部不能切出完整的牙型，所以钻孔深度要大于螺纹的有效深度（图 1-81），其公式为

$$H_{钻}=h_{有效}+0.7D$$

式中，$H_{钻}$——底孔深度（mm）；

$h_{有效}$——螺纹有效深度（mm）；

D——螺纹大径（mm）。

（3）螺纹轴向起点和终点尺寸的确定

在数控机床上攻螺纹时，沿螺距方向应选择合理的导入距离 δ_1 和导出距离 δ_2，如图 1-82 所示。通常情况下，根据数控机床拖动系统的动态特性及螺纹的螺距和螺纹的精度来选择 δ_1 和 δ_2 的数值。一般 δ_1 取（2～3）P，对大螺距和高精度的螺纹则取较大值；δ_2 一般取（1～2）P。此外，在加工通孔螺纹时，导出量还要考虑丝锥前端切削锥角的长度。

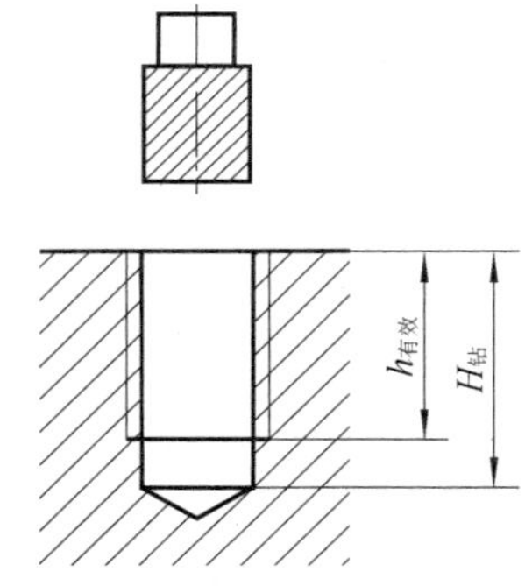

图 1-81　不通孔螺纹底孔长度

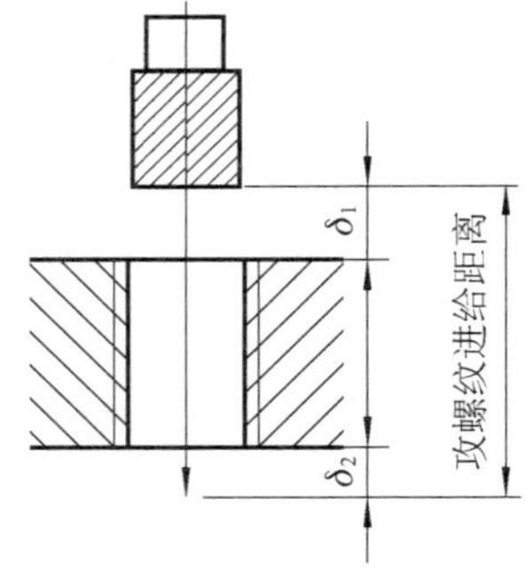

图 1-82　攻螺纹轴向起点与终点

（4）螺纹的测量与攻螺纹误差分析

螺纹的主要测量参数有螺距、大径、小径和中径尺寸。

1）大、小径的测量。外螺纹大径和内螺纹小径的公差一般较大，可用游标卡尺或

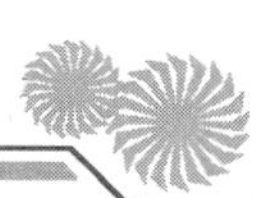

千分尺测量。

2）螺距的测量。螺距一般可用钢直尺或螺距规测量。由于普通螺纹的螺距一般较小，所以采用钢直尺测量时，最好测量10个螺距的长度，然后除以10，就得出一个较正确的螺距尺寸。

3）中径的测量。对精度较高的普通螺纹，可用螺纹千分尺（图1-83）直接测量，所测得的千分尺的读数就是该螺纹中径的实际尺寸；也可用三针测量法进行间接测量（三针测量法仅适用于外螺纹的测量），但需通过计算才能得到其中径尺寸。

4）综合测量。综合测量是指用螺纹塞规或螺纹环规（图1-84）的通止规综合检查内、外普通螺纹是否合格。使用螺纹量规时，应按其对应的公差等级进行选择。

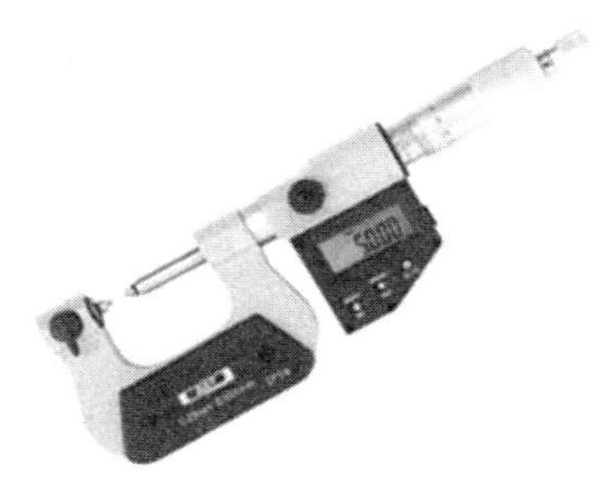

图1-83　螺纹千分尺

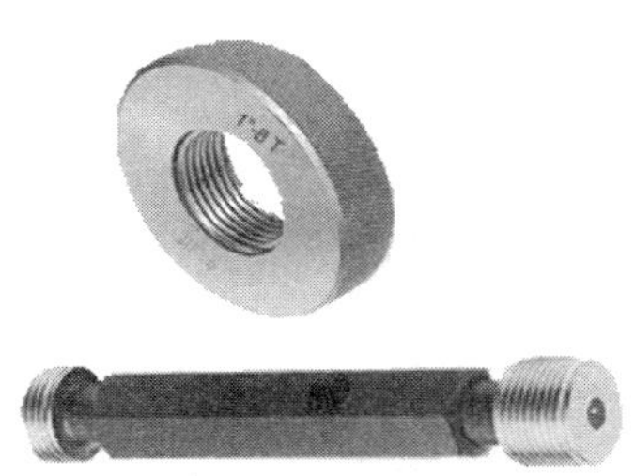

图1-84　螺纹塞规与螺纹环规

5）攻螺纹误差分析（表1-39）。

表1-39　攻螺纹误差分析

出现的问题	产生的原因
螺纹乱牙或滑牙	丝锥夹紧不牢固，造成乱牙
	攻不通孔螺纹时，固定循环中的孔底平面选择过深
	切屑堵塞，没有及时清理
	固定循环程序选择不合理
丝锥折断	底孔直径太小
	底孔中心与攻螺纹主轴中心不重合
	攻螺纹夹头选择不合理，没有选择浮动夹头
尺寸不正确或螺纹不完整	丝锥磨损
	底孔直径太大，造成螺纹不完整
表面粗糙度差	转速太快，导致进给速度太快
	切削液选择不当或使用不合理
	切屑堵塞，没有及时清理
	丝锥磨损

2. 螺纹编程指令

(1) 攻螺纹指令

1) 指令格式。

```
G84 X__ Y__ Z__ R__ P__ F__;            右旋螺纹攻螺纹
G74 X__ Y__ Z__ R__ P__ F__;            左旋螺纹攻螺纹
```

2) 动作说明。攻螺纹指令动作如图 1-85 所示，说明如下：

G74 循环为左旋螺纹攻螺纹循环，用于加工左旋螺纹。执行该循环时，主轴反转，在 G17 平面快速定位后快速移动到 *R* 点；执行攻螺纹到达孔底后，主轴正转退回到 *R* 点，完成攻螺纹动作。

G84 动作与 G74 基本类似，只是 G84 用于加工右旋螺纹。执行该循环时，主轴正转，在 G17 平面快速定位后快速移动到 *R* 点；执行攻螺纹到达孔底后，主轴反转退回到 *R* 点，完成攻螺纹动作。

攻螺纹时进给速度 *F* 根据不同的进给模式指定。当采用 G94 模式时，进给速度 *F*=导程×转速；当采用 G95 模式时，进给速度=导程。

在指定 G74 前，应先使主轴反转。另外，在 G74 与 G84 攻螺纹期间，进给倍率、进给保持均被忽略。

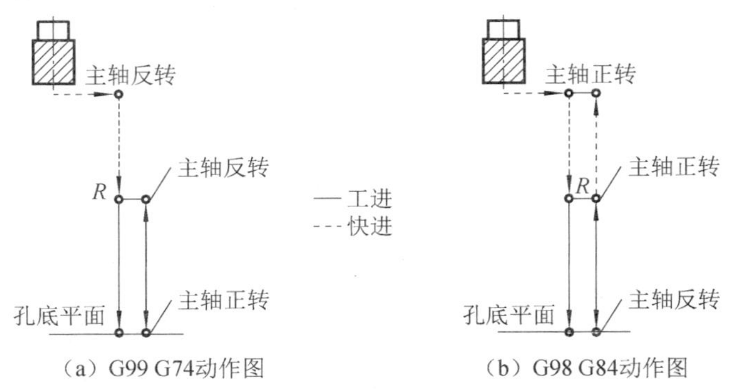

图 1-85　攻螺纹指令动作图

(2) 编程示例

用攻螺纹循环编写图 1-86 中两螺纹孔的加工程序如下：

```
O0004;
……;
G90 G00 X0 Y0;
G99 G84 Y25.0 Z-15.0 R3.0 F1.75;          粗牙螺纹,螺距为 1.75mm
        Y-25.0;
G80 G94 G49 M09;
G91 G28 Z0;
M30;
```

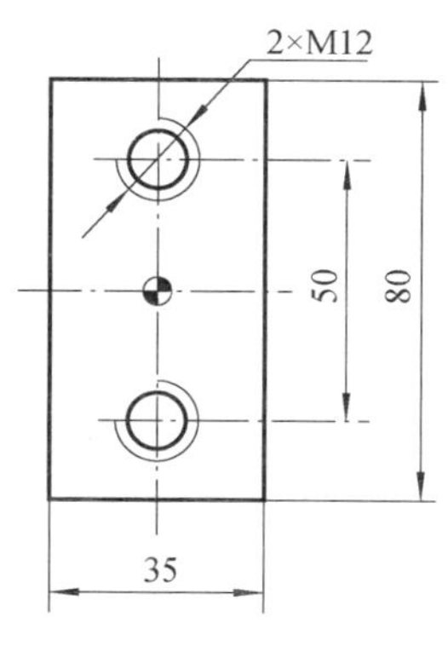

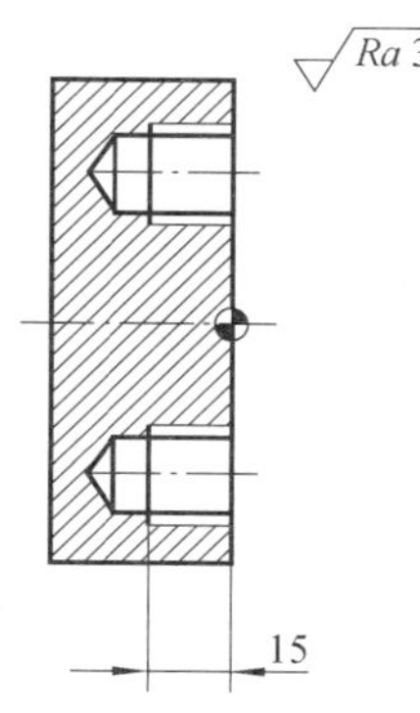

图 1-86　攻螺纹编程示例

知识拓展

铣螺纹加工

1. 铣螺纹加工指令

铣螺纹加工时，采用螺旋插补指令进行编程与加工，其加工指令如下：

```
G17 G02/G03 X__ Y__ Z__ R__ F__;
G17 G02/G03 X__ Y__ Z__ I__ J__ K__ F__;
```

其中：*X*、*Y*、*Z*——螺旋线终点坐标。

I、*J*、*K*——螺旋线圆心相对于起点的增量坐标，该值是一个矢量。

R——螺旋线半径值，其功能与圆弧插补中的半径值相同。

2. 铣螺纹加工刀具

铣螺纹加工时，采用如图 1-87 所示螺纹铣削刀具，既可加工内螺纹，也可加工外螺纹。采用旋风铣削的模式加工出内外螺纹。

图 1-87　螺纹铣削刀具

3. 编程示例

【例】 在加工中心上加工图 1-88 所示工件，外形轮廓已加工完成，居中内孔已加工至ϕ25mm，试编写其铣螺纹加工程序。

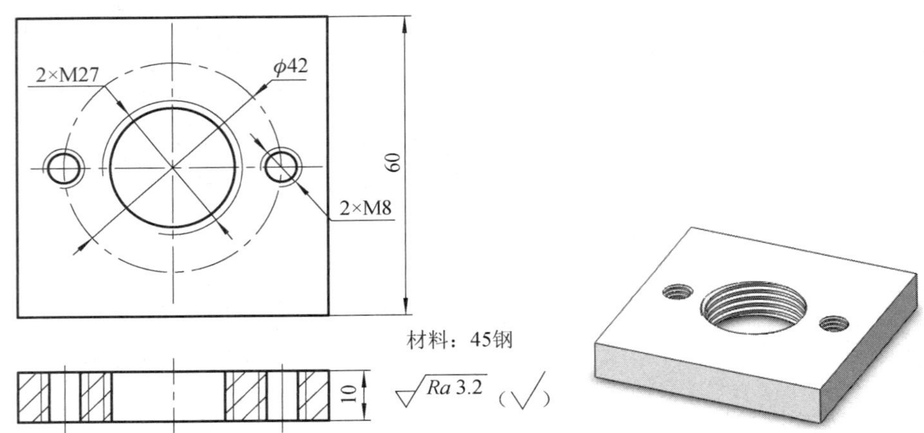

图 1-88 铣螺纹编程示例

分析：在铣螺纹加工过程中，通常采用宏程序结合螺旋线加工指令来进行编程（关于宏程序的说明，请读者参阅相关书籍），编程时，应找准刀具沿螺旋线转动一周和 Z 向移动距离的对应关系。采用这种方式编写的加工程序如下：

```
O0055;
G90 G94 G40 G21 G17 G54;
G91 G28 Z0;
G90 G00 X-40.0 Y0;
M03 S600 M08;
G00 Z20.0;
G01 Z2.0 F100;                刀具下降至 Z 向起刀点
#101=0;                       螺旋线终点的 Z 坐标
G42 G01 X-13.5 Y0 D01;        螺旋线起始点
N100 G02 I13.5 Z#101;         加工螺旋线
#101=#101-2.0;                计算下一条螺旋线 Z 向终点坐标
IF[#101 GE-12.0] GOTO100;
G40 G01 X-40.0 Y0.0;
G91 G28 Z0;
M05 M09;
M30;
```

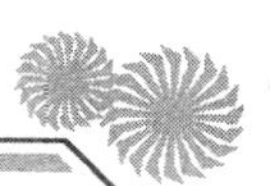

思考与练习

编制如图题 1-8 所示零件的加工程序

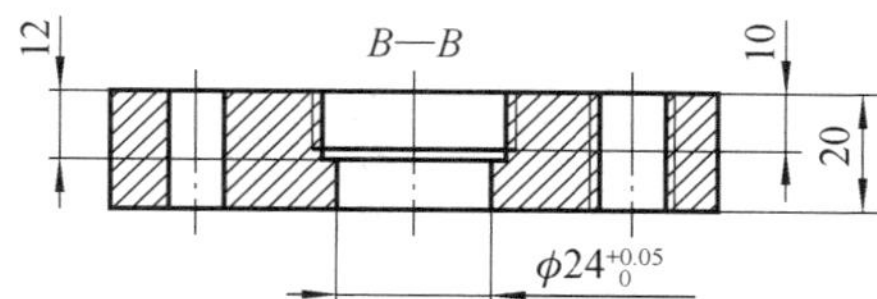

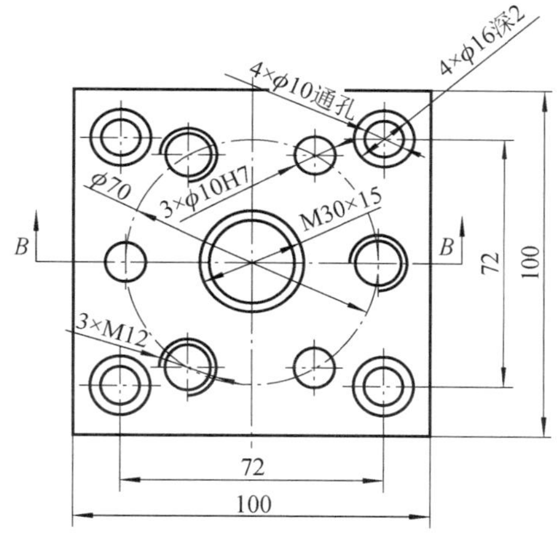

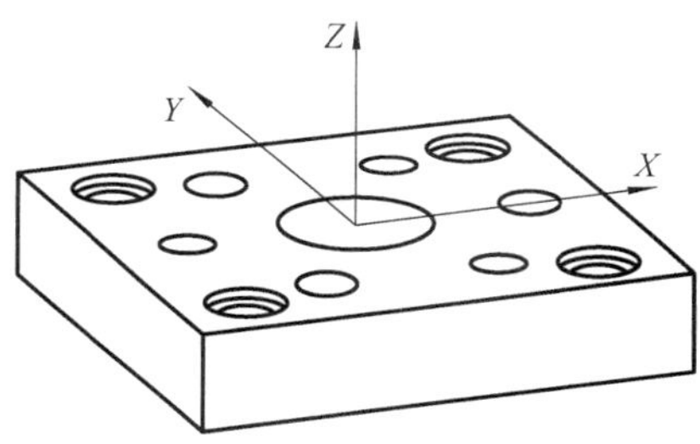

图题 1-8

项目 2

数控铣综合型零件的编程与加工

项目概述

本项目由四个综合性课题任务组成，将项目 2 的知识和操作技能融合在任务中，通过综合运用所学知识，使学生进一步掌握和提高数控铣加工技能，养成良好的编程习惯，严格按加工工艺进行编程，克服粗心大意、计算不精确等问题，培养他们的条理性、科学性和认真负责的工作作风。

项目目标

- 会识读零件图。
- 熟悉工件安装、刀具选择、工艺编制及切削用量选择。
- 掌握综合轮廓的加工工艺制订及程序编制。

技能目标

- 掌握对刀仪的使用方法。
- 掌握夹具、工件及刀具的安装。
- 熟练掌握利用长度和半径补偿控制加工尺寸的方法。
- 熟练掌握数控铣床的编程和加工方法。
- 会进行产品质量分析。

规范标准

- 《数控铣工（中级）国家职业标准》。

任务 2.1　十字轮廓零件的编程与加工

任务描述

本任务综合零件主要由内外直线、圆弧轮廓和孔组成（图 2-1）。本任务将进一步提高学生基本轮廓的编程能力和工艺分析能力，以及产品质量意识。

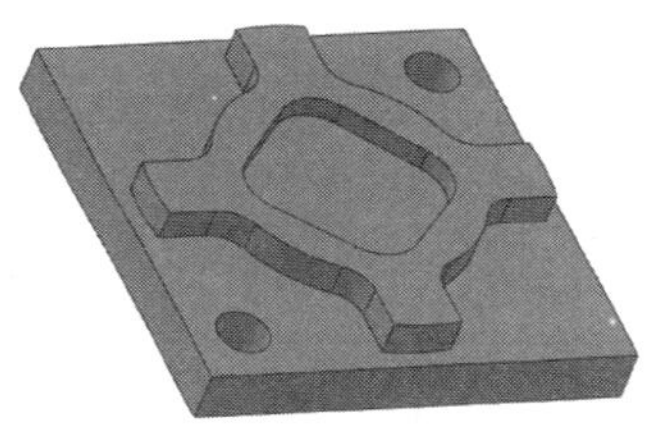

图 2-1　十字轮廓零件

任务目标

1．识读零件图，知道零件组成结构及加工尺寸要求。
2．能合理选择加工参数及相关的刀具和量具。
3．会制订零件的加工工艺。
4．通过测量反馈信息，能及时调整加工参数，保证加工质量。

2.1.1　工艺分析

1. 图样分析

该零件通过一次装夹就可以完成所有的加工，加工工艺相对简单，主要是计算每个节点的坐标，控制好各个尺寸精度，这些加工表面的粗糙度要求均为 *Ra* 1.6μm，其余表面粗糙度要求为 *Ra* 3.2μm，如图 2-2 所示。

2. 编制卡工艺

（1）工艺分析

图样中所有加工要素位于一个平面上，因此此零件只能采用一次装夹，使用立铣刀、

键槽铣刀、麻花钻、铰刀一次完成整个零件所需加工的表面。

（2）加工步骤

1）粗铣外轮廓，切深为 8mm，底面不留精加工余量，侧面留有 0.6mm 的精加工余量。

2）粗铣内轮廓，切深为 5mm，底面不留精加工余量，侧面留有 0.6mm 的精加工余量。

3）钻孔 2×ϕ12H7。

4）去除余量。注意，加工的切削参数与最后的精加工切削参数保持一致。

5）精加工外轮廓，使尺寸和表面粗糙度达到图样要求。

6）精加工内轮廓，使尺寸和表面粗糙度达到图样要求。

7）铰孔 2×ϕ12H7，使尺寸和表面粗糙度达到图样要求。

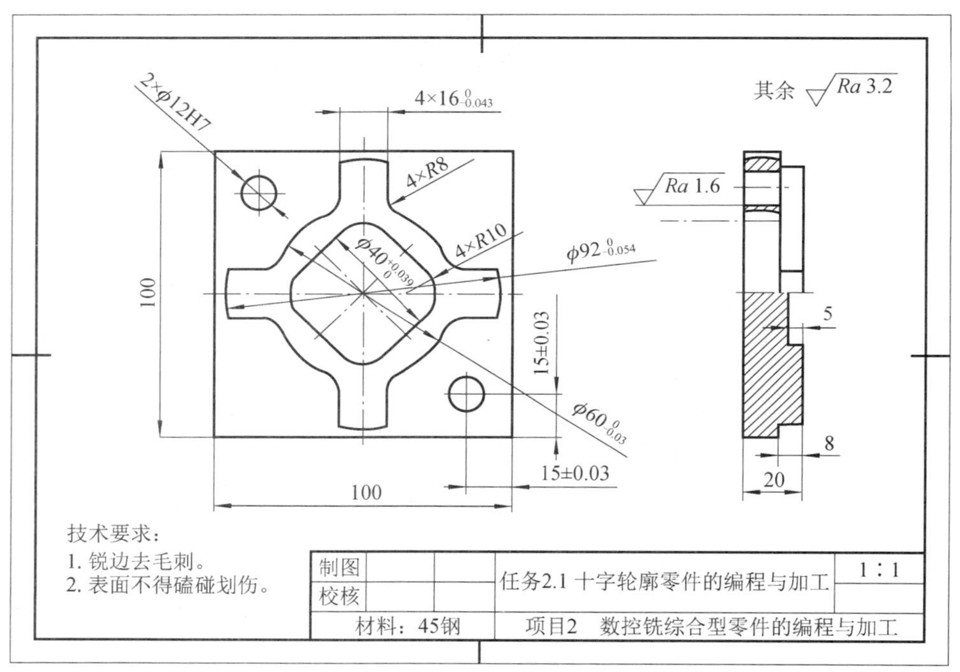

图 2-2　任务 2.1 的图样

2.1.2　程序编制

1. 任务准备

（1）确定机床

配备清单见表 2-1。

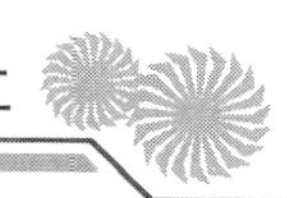

表 2-1　任务 2.1 机床配备清单

序号	名称	型号	数量
1	数控铣床	V600 FANUC 0i-MD	2～4 人/台
2	机用平口钳	QM16160	1 个/台
3	扳手	平口钳扳手	1 个/台
4	百分表	0.01mm	1 个/台

（2）确定材料

备料建议清单见表 2-2。

表 2-2　任务 2.1 备料建议清单

序号	材料	规格/mm	数量
1	45 钢	100×100×20	
2	铝	100×100×20	

（3）确定工具、量具、刀具

数控车床工具、量具、刀具建议清单见表 2-3。

表 2-3　任务 2.1 数控车床工具、量具、刀具建议清单

类别	序号	名称	规格	精度/mm	数量/工位
量具	1	外径千分尺	0～25mm、25～50mm	0.01	各 1
	2	游标卡尺	0～200mm	0.02	1
刀具	1	立铣刀	ϕ8mm		
	2	键槽铣刀	ϕ8mm		
	3	麻花钻	ϕ11.8mm		
	4	铰刀	ϕ12mm		
编写工艺自备工具	1	铅笔		自定	自备
	2	钢笔		自定	自备
	3	橡皮		自定	自备
	4	绘图工具		1 套	自备
	5	计算器		1	自备

2. 制订加工工艺卡

十字轮廓零件加工工艺卡见表 2-4。

表 2-4　十字轮廓零件加工工艺卡

工序	工步加工内容	刀具编号	刀具名称（刀具型号）	主轴转速/（r/min）	背吃刀量/mm	进给速度/（mm/min）
1	粗加工外轮廓	T01	ϕ8mm 立铣刀	500	2	100
2	粗加工内轮廓	T02	ϕ8mm 键槽铣刀	500	2	100
3	钻孔	T03	ϕ11.8mm 麻花钻	300	20	手动进给
4	去除余量	T01	ϕ8mm 立铣刀	500		手动进给
5	精加工外轮廓	T01	ϕ8mm 立铣刀	1000	8	80
6	精加工内轮廓	T01	ϕ8mm 立铣刀	1000	5	80
7	铰孔	T04	ϕ12mm	100	20	10

注：加工工艺卡中的切削用量仅供参考，可以根据实际切削状况进行合理调整。

3. 编制加工程序

十字轮廓零件主程序见表 2-5。

表 2-5　十字轮廓零件主程序

程序	说明
O0001;	程序名
M6 T1;	换上 1 号刀，ϕ10mm 中心钻
G54 G90 G21 G17 G40;	程序初始化
M3 S1500;	主轴正转，转速 1500r/min
G43 H1 G0 Z100;	快速移动至 Z100 处（Z 方向调入刀具长度补偿）
X35 Y-35;	快速到 X35、Y-35 处
Z5;	快速移动至 Z5 处
G98 G81 Z-2 R5 F100;	点孔
X-35 Y35;	坐标点
G80;	取消循环
G0 Z100;	快速返回到 Z100 处
G0 X0 Y0;	快速到 X0、Y0 处
M6 T2;	换上 2 号刀，ϕ10.5mm 钻头
G43 H2 G0 Z100;	快速返回到 Z100 处（Z 方向调入刀具长度补偿）
X35 Y-35;	快速到 X35、Y-35 处
G98 G83 Z-25 Q4 R5 F100;	钻孔
X-35 Y35;	坐标点
G80;	取消循环
G0 Z100;	快速返回到 Z100 处
G0 X0 Y0;	快速到 X0、Y0 处
M6 T3;	换上 3 号刀，ϕ11.8mm 钻头
M3 S700;	主轴正转，转速 700r/min
G43 H3 G0 Z100;	快速返回到 Z100 处（Z 方向调入刀具长度补偿）

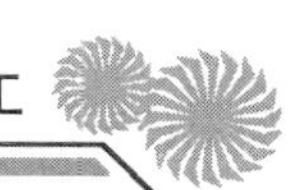

续表

程序	说明
X35 Y-35;	快速到 X35、Y-35 处
G98 G81 Z-25 R5 F40;	扩孔
X-35 Y35;	坐标点
G0 X0 Y0;	快速到 X0、Y0 处
M6 T4;	换上 4 号刀，ϕ12H7 铰刀
M3 S150;	主轴正转，转速 150r/min
G43 H4 G0 Z100;	快速返回到 Z100 处（Z 方向调入刀具长度补偿）
X35 Y-35;	快速到 X35、Y-35 处
G98 G85 Z-25 R5 F40;	铰孔
X-35 Y35;	坐标点
G80;	取消循环
G0 Z100;	快速返回到 Z100 处
X0 Y0;	快速到 X0、Y0 处
M6 T5;	换上 5 号刀，ϕ12mm 立铣刀粗加工
M3 S2500;	主轴正转，转速 2500r/min
G43 H5 G0 Z100;	快速返回到 Z100 处（Z 方向调入刀具长度补偿）
G68 X0 Y0 R45;	坐标在 X0、Y0 处旋转 45°
G1 0 L12 P1 R6.1;	指定刀具半径补偿量为 6.1mm（精加工余量 0.1mm）
M98 P0002;	四方凹轮廓子程序一次粗加工
G0 Z100;	快速返回到 Z100 处
G0 X0 Y0;	快速到 X0、Y0 处
G69;	取消旋转指令
M98 P0003 L2;	十字凸轮廓子程序两次粗加工
G0 Z100;	快速返回到 Z100 处
M6 T6;	换上 6 号刀，ϕ10mm 立铣刀精加工
M3 S3000;	主轴正转，转速 3000r/min
G43 H6 G0 Z100;	快速返回到 Z100 处（Z 方向调入刀具长度补偿）
G0 X0 Y0;	快速到 X0、Y0 处
G1 0 L12 P1 R5.01;	指定刀具半径补偿量为 5.01mm（考虑公差）
M98 P0002;	四方凹轮廓子程序一次精加工
G0 Z100;	快速返回到 Z100 处
G0 X0 Y0;	快速到 X0、Y0
G69;	取消旋转指令
G1 0 L12 P1 R4.99;	指定刀具半径补偿量为 4.99mm（考虑公差）
M98 P0003 L2;	十字凸轮廓子程序两次精加工
G0 Z100;	快速返回到 Z100 处
G91 G28 Z0;	刀具返回 Z 向初始点
M05;	主轴停转
M09;	切削液关
M30;	程序结束
%;	

十字轮廓子程序（四方凹槽）见表 2-6。

表 2-6　十字轮廓子程序（四方凹槽）

程序	说明
O0002;	子程序名
G0 X0 Y0;	快速到 X0、Y0 处
G0 Z5;	快速移动至 Z5 处
G91 G1 Z-5 F100;	主轴进给下降到 Z-5 处
G41 G1 X0 Y20 F800 D01;	建立刀具半径左补偿
X-10;	轮廓轨迹加工
G3 X-20 Y10 R10;	
G1 Y-10;	
G3 X-10 Y-20 R10;	
G1 X10;	
G3 X20 Y-10 R10;	
G1 Y10;	
G3 X10 Y20 R10;	
G1 X-10;	
G40 G1 X0 Y0;	取消刀补值
M99;	子程序结束，并返回主程序
%;	

十字轮廓子程序（四方凸台）见表 2-7。

表 2-7　十字轮廓子程序（四方凸台）

程序	说明
O0003;	子程序名
G0 X25 Y-58;	快速到 X25、Y-58 处
Z5;	快速移动至 Z5 处
G91 G1 Z-4 F300;	主轴进给下降到 Z-4 处
G41 G1 X8 Y-45.299 F800 D01;	建立刀具半径左补偿
G17 G2 X-8 I-8 J45.299;	轮廓轨迹加工
G1 Y-34.467;	
G3 X-12.632 Y-27.211 I-8 J0 ;	
G2 X-27.211 Y-12.632 I12.632 J27.211;	
G3 X-34.467 Y-8. I-7.256 J-3.368;	
G1 X-45.299;	
G2 Y8. I45.299 J8;	

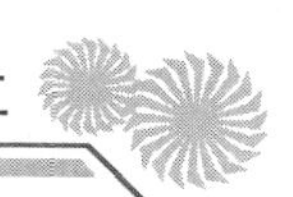

续表

程序	说明
G1 X-34.467；	
G3 X-27.211 Y12.632 I0 J8. ；	
G2 X-12.632 Y27.211 I27.211 J-12.632；	
G3 X-8. Y34.467 I-3.368 J7.256；	
G2 X8. I8. J-45.299；	
G1 Y34.467；	
G3 X12.632 Y27.211 I8 J0.；	
G2 X27.211 Y12.632 I-12.632 J-27.211；	
G3 X34.467 Y8 I7.256 J3.368；	
G1 X45.299；	
G2 Y-8. I-45.299 J-8.；	
G1 X34.467；	
G3 X27.211 Y-12.632 I0 J-8. ；	
G2 X12.632 Y-27.211 I-27.211 J12.632；	
G3 X8. Y-34.467 I3.368 J-7.256；	
G1 Y-45.299；	
G40 G1 X25 Y-58；	取消刀补值
M99；	子程序结束，并返回主程序

2.1.3　零件加工

详见视频“十字轮廓零件的加工操作”。

1）打开数控铣床，开机。

2）机床数控轴回参考点。

3）工件装夹。

4）刀具装夹并对刀。

5）手动刀具至安全位置。

6）输入程序检查调试。

7）完成零件加工。

8）检测工件，根据评分表完成检测，优化程序。

9）填写实践报告，整理好工具，打扫数控机床并关闭机床。

扫码观看视频

十字轮廓零件的加工操作

2.1.4　操作测评

1. 操作现场记录（20分）

任务2.1操作现场记录见表2-8。

表 2-8　任务 2.1 操作现场记录

安全文明生产	安全规范	好 □　一般 □　差 □
	刀具、工具、量具的放置合理	合理 □　不合理 □
	正确使用量具	好 □　一般 □　差 □
	设备保养	好 □　一般 □　差 □
	关机后机床停放位置合理	合理 □　不合理 □
	发生重大安全事故、严重违反操作规程者（取消考试）	（事故状态）：
	备注	
规范操作	开机前的检查和开机顺序正确	检查 □　未检查 □
	正确回参考点	回参考点 □　未回参考点 □
	工件装夹规范	规范 □　不规范 □
	刀具安装规范	规范 □　不规范 □
	正确对刀，建立工件坐标系	正确 □　不正确 □
	正确设定换刀点	正确 □　不正确 □
	正确校验加工程序	正确 □　不正确 □
	正确设置参数	正确 □　不正确 □
	自动加工过程中，不得开防护门	未开 □　开 □　次数 □
	备注	
时间	开始时间：	结束时间：

2. 零件加工质量检测表（80 分）

任务 2.1 零件加工质量检测表见表 2-9。

表 2-9　任务 2.1 零件加工质量检测表

项目与权重		序号	技术要求	配分	评分标准	检测记录	得分
工件加工评分（80%）	外轮廓	1	$\phi92_{-0.054}^{0}$ mm	5	超差全扣		
		2	$\phi60_{-0.03}^{0}$ mm	5	超差全扣		
		3	8 mm	5	超差全扣		
		4	$16_{-0.043}^{0}$ mm	5	超差全扣		
		5	对称度 0.05mm	5×2	每错一处扣 4 分		
		6	平行度 0.03mm	10	超差全扣		
		7	侧面 Ra 1.6μm	5	每错一处扣 1 分		
		8	底面 Ra 3.2μm	3	每错一处扣 1 分		
		9	R 8mm	4	每错一处扣 2 分		
	内轮廓与孔	1	$40_{0}^{+0.039}$ mm	5	超差全扣		
		2	$5_{0}^{+0.03}$ mm	6	超差全扣		
		3	孔距±0.03mm	6	超差全扣		
		4	孔径ϕ12H8	6	超差全扣		
		5	侧面 Ra1.6μm	3	每错一处扣 2 分		
		6	底面 Ra3.2μm	2	每错一处扣 2 分		

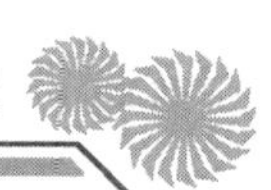

2.1.5　相关知识

详见视频“坐标系旋转指令、坐标系旋转编程示例及注意事项”。

1. 坐标系旋转指令

对于某些围绕中心旋转得到的特殊的轮廓加工，如果根据旋转后的实际加工轨迹进行编程，就可能使坐标计算的工作量大大增加；而通过图形旋转功能，则可以大大简化编程的工作量。

扫码观看视频

坐标系旋转指令、坐标系旋转编程示例及注意事项

指令格式：

```
G17 G68 X__ Y__ R__;
G69;
```

其中：G68——坐标系旋转生效指令；

G69——坐标系旋转取消指令；

X、*Y*——坐标系旋转的中心；

R——坐标系旋转的角度，该角度一般取 0～360° 的正值。旋转角度的零度方向为第一坐标轴的正方向，逆时针方向为角度方向的正方向。不足 1° 的角度以小数点表示，如 10°54'用 10.9° 表示。

【例】 `G68 X30.0 Y50.0 R45.0;`

该指令表示坐标系以坐标点（30，50）作为旋转中心，逆时针旋转 45°。

2. 坐标系旋转编程示例

【例】 加工图 2-3 所示工件，试采用坐标旋转方式编写其加工程序。

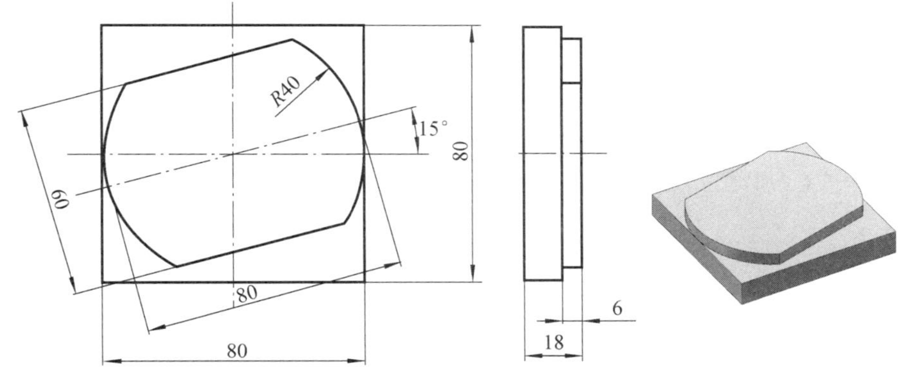

图 2-3　坐标系旋转编程示例 1

```
O0009;
G90 G94 G40 G21 G69 G54;
G91 G28 Z0;
G90 G00 X-50.0 Y-50.0;
M03 S600 M08;
G00 Z10.0;
G01 Z-6.0 F100;
G68 X0 Y0 R15.0;                    绕坐标原点旋转 15°
G41 G01 Y-30.0 D01;                 加工凸台轮廓
        X26.46;
G03 Y30.0 R40.0;
G01 X-26.46;
G03 Y-30.0 R40.0;
G40 G01 X-50.0 Y-50.0;
G69;                                先取消刀补，再取消坐标系旋转
……;                                 程序结束部分
```

【例】 如图 2-4 中的外形轮廓 *B* 和 *C* ，其中外形轮廓 *B* 由外形轮廓 *A* 绕坐标点 *M*（-25.98，-15.0）旋转 135° 所得；外形轮廓 *C* 由外形轮廓 *A* 绕坐标点 *N*（25.98，15.0）旋转 295° 所得。试编写轮廓 *B* 和轮廓 *C* 的加工程序。

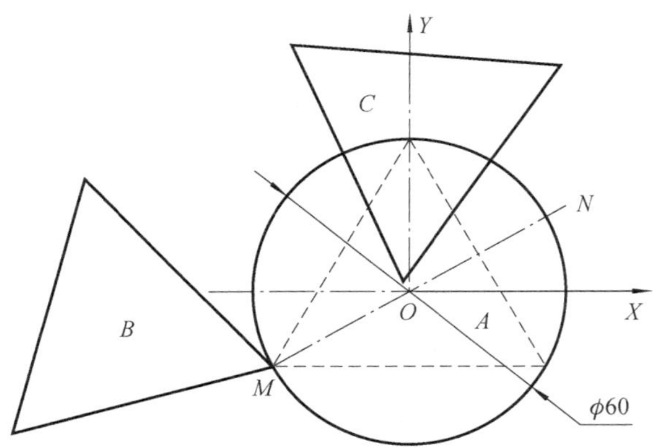

图 2-4　坐标系旋转编程示例 2

程序如下：

```
O0010;
……;
G68 X-25.98 Y-15.0 R135.0;             绕坐标点 M 坐标系旋转 135°
G41 G01 X-30.0 Y-15.0 D01 F100;        加工轮廓 B
```

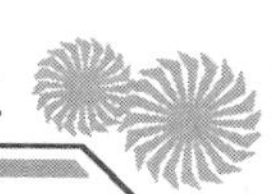

```
          X25.98;
          X0 Y30.0;
          X-25.98 Y-15.0;
G40 G01 X-30.0 Y-30.0;
G69;                                  先取消刀补，再取消坐标系旋转
……;
G68 X25.98 Y15.0 R295.0;              绕坐标点 M 坐标系旋转 295.0°
G41 G01 X-30.0 Y-15.0 D01 F100;       加工轮廓 C
X25.98;
X0 Y30.0;
X-25.98 Y-15.0;
G40 G01 X-30.0 Y-30.0;
G69;                                  先取消刀补，再取消坐标系旋转
……;
```

想一想：编制本例工件的加工程序时，其刀具的起刀点应位于何处？为什么？

3. 坐标系旋转编程的注意事项

1）坐标系旋转取消指令（G69）以后的第一个移动指令必须用绝对值指定。如果采用增量值指令，则不执行正确的移动。

2）在坐标系旋转编程过程中，如需采用刀具补偿指令进行编程，则需在指定坐标系旋转指令后再指定刀具补偿指令，取消时，按相反顺序取消。

3）在坐标系旋转方式中，返回参考点指令（G27，G28，G29，G30）和改变坐标系指令（G54～G59，G92）不能指定。如果要指定其中的某一个，则必须在取消坐标系旋转指令后指定。

4）采用坐标系旋转编程时，要特别注意刀具的起点位置，以防加工过程中产生过切现象。

知识拓展

在线测量

利用加工中心实现在线测量，可以在不需要把工件移动到测量机的情况下，允许用户执行功能强大的找正、数据采集、分析和报告功能。

1. 大型工件的高效测量

由于大型工件加工检验不合格重新装夹十分困难，因此大型工件加工完毕一定要检验，否则一旦拆卸，发现有问题，再次加工，已经无法装夹，报废损失惨重。

但是大型工件加工完毕，测量十分困难。这两个难题，对 NC 在线测量系统（图 2-5）而言是很简单的事。

图 2-5　NC 在线测量系统

2. 检测机床加工精度

机床标示出的精度往往很高，机床检验也合格，可是加工误差总会超出 0.02mm。原因多半是刀具没有安装好、夹嘴不正、刀柄不正、机床锥度孔磨损或对刀不准确。这些问题都需要 NC 在线测量系统，它可以轻松地检测出以上误差参数，并得到这些误差参数，补偿数控参数，从而达到高精度机的效果。

3. 杜绝 CNC 机床因两次装夹工件进行修复造成的浪费

NC 在线测量系统的功能之一是当 CNC 机床把工件加工完毕后，该系统能立刻识别该工件是否合格，加减几毫米、几微米，并且迅速打印出图文并茂的检测报告，检测精度高达±0.003mm。

在没有 NC 在线测量系统的状况下，通常都是将 CNC 机床加工后的复杂零件或精密零件，先用卡尺或其他简单的量具确认一下，估计没问题后卸下来送到三坐标测量机去最终检测。如果检测不合格，大了 3mm 或 5mm 不合格怎么办？只有到 CNC 机床上进行二次加工修复。二次加工修复需要重新装夹，校表、分中、对刀，1mm 不差地校表、分中、对刀几乎是不可能做到的。往往是二次加工修复时，因为校表、分中、对刀失误，而使二次装夹没有达到要求，该加工的地方没有加工到，不需要加工的地方“刺棱”一下消掉了一块，工件彻底报废，损失时间、损失工钱，又损失材料。该 NC 在机测量系统能杜绝此现象的发生。

4. 杜绝废品，实现 CNC 加工下线前的 100%检测

CNC 数控机床加工的零件一般精度都比较高或工件形状比较复杂，用通用的或简单的量具进行测量十分困难或者根本测量不了。例如，像拳头这样的零件是不规则曲面，通用量具无法测量。以上难题对 NC 在机测量系统而言则是十分简单的事情，十几秒就可以测量完毕并且打印出国际标准的 DIMS 格式检测报告。NC 在线测量系统十分方便，能实现 CNC 数控加工下线前的 100%检测，杜绝废品。

思考与练习

一、填空题

1. 坐标系旋转生效的指令是________，而坐标系旋转取消的指令是________，坐标系旋转指令的格式是________。

2. 坐标系旋转指令格式中“X__Y__”用于指定________，“R__”用于指定________，一般取正值。

3. 旋转角度的零度方向为第一坐标轴的正方向，逆时针方向为角度方向的________方向。

4. 在坐标系旋转方式中，________指令和________指令不能指定。如果要指定其中的某一个，则必须在取消坐标系旋转指令后指定。

5. “G68 X40 Y20 R60；”这段程序的含义是________。

二、选择题

1. 指令“G68 X15 Y20 R30”中“X15 Y20”是指（　　）。

A. 坐标系旋转的起点坐标　　B. 坐标系旋转的终点坐标

C. 坐标系旋转的旋转中心　　D. 坐标系旋转的旋转半径与旋转角度

2. 对于 FANUC-0i 系统，在坐标系旋转指令取消以后的第一个移动指令必须用（　　）指定，否则将不执行正确的移动。

A. 增量坐标　　B. 极坐标

C. 绝对坐标　　D. 以上都可以

3. 采用坐标系旋转编程时，要特别注意刀具的（　　），以防加工过程中产生过切现象。

A. 安全高度　　B. 起刀点

C．退刀点　　D．轮廓加工第一点

4．在坐标系旋转编程过程中，采用了刀具补偿指令进行编程，则需在指定坐标系旋转指令后再指定刀具补偿指令，取消时，是按（　　）顺序。

A．先取消旋转，再取消刀补　　B．同时取消

C．只需取消旋转　　D．先取消刀补，再取消旋转

5．执行指令“G68 X20 Y0 R30；G01 X10 Y0 F100；”后刀具刀位点所到达的位置的坐标为（　　）。

A．(10, 0)　　B．(8.66, 5)

C．(11.34, −5)　　D．(11.34, 0)

三、编制如图题 2-1 所示零件的加工程序

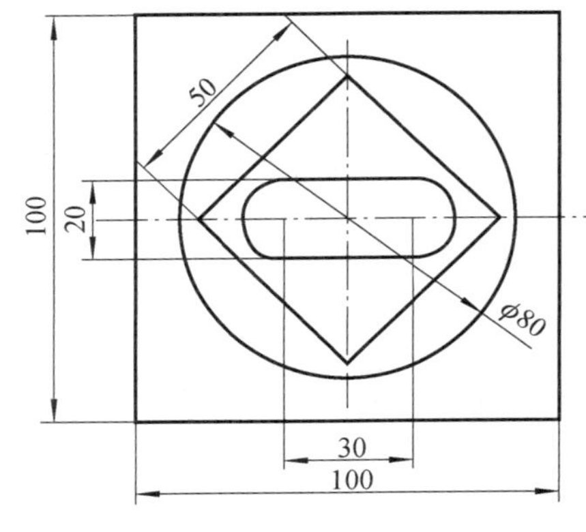

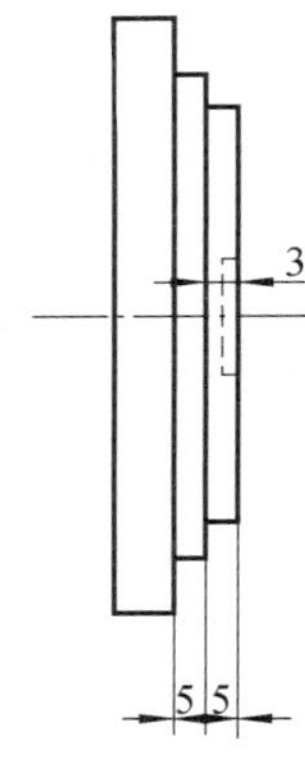

图题 2-1

任务 2.2　六方凹圆轮廓零件的编程与加工

任务描述

本任务综合零件主要由六角凸台、内凹圆弧槽和孔组成（图 2-6）。本任务将进一步提高学生基本轮廓的编程能力和工艺分析能力，以及产品质量意识。

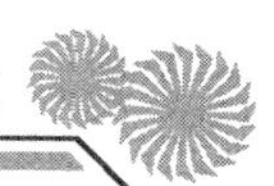

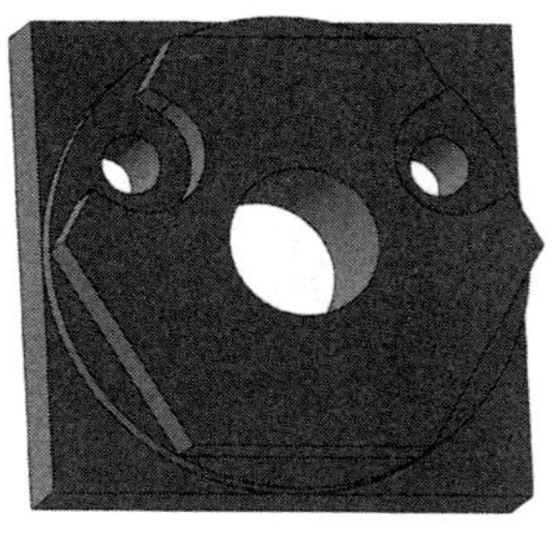

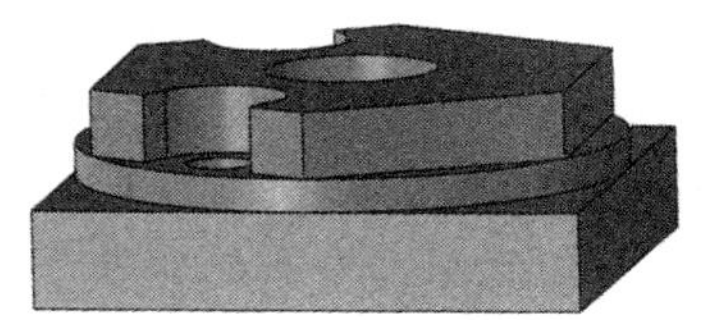

图 2-6　六角凹圆轮廓零件

任务目标

1．识读零件图，知道零件组成结构及加工尺寸要求。
2．能合理选择加工参数及相关的刀具和量具。
3．会制订零件的加工工艺。
4．通过测量反馈信息，能及时调整加工参数，保证加工质量。

2.2.1　工艺分析

1．图样分析

该零件通过一次装夹就可完成所有加工，外形尺寸 $80_{-0.03}^{0}$ mm × $80_{-0.03}^{0}$ mm，中间为 $\phi80_{-0.03}^{0}$ mm 高 $5_{0}^{+0.03}$ mm 的凸台，最上层为正六方凸台，对边尺寸为 $69.28_{-0.03}^{0}$ mm，两孔 ϕ10H8，需要铰削，中间 ϕ25H8 孔需要镗孔，其余表面粗糙度要求为 Ra 3.2μm，如图 2-7 所示。

2．编制工艺卡

（1）工艺分析

图样中所有加工要素位于一个平面上，因此此零件只能采用一次装夹，使用立铣刀、麻花钻、铰刀一次完成整个零件所需加工的表面。

（2）加工步骤

1）粗铣 ϕ80mm 的圆，切深为 15mm，底面不留精加工余量，侧面留有 0.6mm 的精加工余量。

2）粗铣六角形，切深为 10mm，底面不留精加工余量，侧面留有 0.6mm 的精加工余量。

3）钻孔 2×ϕ10H8 及 ϕ25H8 的孔。

4）粗加工 ϕ25H8 的圆，侧面留有 0.6mm 的精加工余量。

5）去除余量。注意，加工的切削参数与最后的精加工切削参数保持一致。

6）精加工ϕ80mm 的圆，使尺寸和表面粗糙度达到图样要求。

7）精加工六角形，使尺寸和表面粗糙度达到图样要求。

8）精镗ϕ25H8 的圆，使尺寸和表面粗糙度达到图样要求。

9）铰孔 2×ϕ10H8 的孔，使尺寸和表面粗糙度达到图样要求。

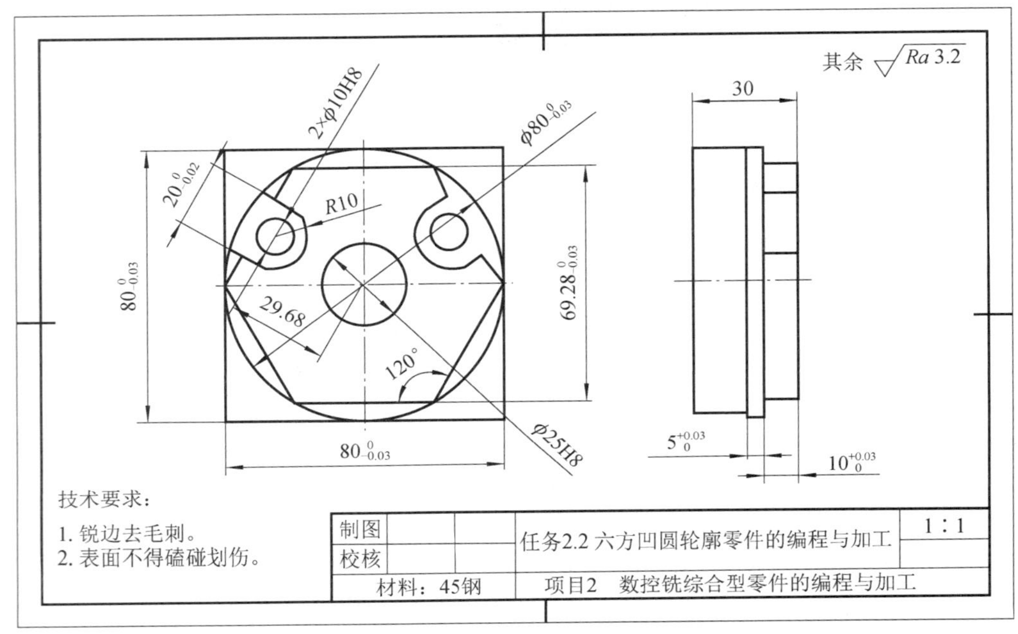

图 2-7　任务 2.2 的图样

2.2.2　程序编制

1. 任务准备

（1）确定机床

机床配备清单见表 2-10。

表 2-10　任务 2.2 机床配备清单

序号	名称	型号	数量
1	数控铣床	V600 FANUC 0i-MD	2～4 人/台
2	机用平口钳	QM16160	1 个/台
3	扳手	平口钳扳手	1 个/台
4	百分表	0.01mm	1 个/台

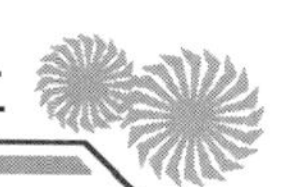

（2）确定材料

备料建议清单见表 2-11。

表 2-11　任务 2.2 备料建议清单

序号	材料	规格/mm	数量
1	45 钢	100×100×20	
2	铝	100×100×20	

（3）确定量具、刀具

数控车床量具、刀具建议清单见表 2-12。

表 2-12　任务 2.2 数控车床量具、刀具建议清单

类别	序号	名称	规格	精度/mm	数量/工位
量具	1	外径千分尺	0～25mm、25～50mm	0.01	各 1
	2	内径量表	18～35mm	0.01	1
	3	游标卡尺	0～200mm	0.02	1
刀具	1	立铣刀	ϕ8mm		
	2	键槽铣刀	ϕ8mm		
	3	麻花钻	ϕ11.8mm、ϕ18mm		
	4	铰刀	ϕ12mm		
	5	镗刀	ϕ25mm		

2. 制订加工工艺卡

六方凹圆轮廓零件加工工艺卡见表 2-13。

表 2-13　六方凹圆轮廓零件加工工艺卡

加工名称	六角凹圆轮廓零件			工序号	1	
工序	工步加工内容	刀具编号	刀具名称（刀具型号）	主轴转速/（r/min）	背吃刀量/mm	进给速度/（mm/min）
1	粗加工ϕ80mm 的圆	T01	ϕ8mm 立铣刀	500	3	100
2	粗加工六角形	T01	ϕ8mm 立铣刀	500	3	100
3	钻孔 2×ϕ10H8	T02	ϕ9.8mm 麻花钻	300	30	手动进给
4	钻孔ϕ25H8	T03	ϕ20mm 麻花钻	200	30	手动进给
5	粗加工ϕ25H8	T01	ϕ8mm 立铣刀	500	3	100
6	去除余量	T01	ϕ8mm 立铣刀	500		手动进给
7	精加工ϕ80mm 的圆	T01	ϕ8mm 立铣刀	1000	15	80
8	精加工六角形	T01	ϕ8mm 立铣刀	1000	10	80
9	精镗ϕ25H8 孔	T04	ϕ18～35mm	1500	30	50
10	铰孔 2×ϕ10H8	T05	ϕ10mm 铰刀	200	30	10

注：加工工艺卡中的切削用量仅供参考，可以根据实际切削状况进行合理调整。

3. 编制加工程序

六方凹圆轮廓零件程序见表 2-14。详见视频“六方内圆轮廓零件的编程”。

扫码观看视频

六方内圆轮廓零件的编程

表 2-14　六方凹圆轮廓零件程序

程序	说明
O0010；　　(ϕ9.8mm 麻花钻)	程序名
G54　G40　G94 G90 G80；	程序初始参数设置
G91 G28 Z0；	*Z* 轴回参考点
M03 S800；	启动主轴
G90 G0 X0 Y0 Z50；	快速移到（0，0，50）的位置
G99 G83 X-25.37 Y14.65 Z-35 R5 Q5 F60；	孔固定循环，深孔钻左边孔，返回 *R* 点平面
G98 X25.37；	钻右边孔，返回初始平面
G80；	取消孔加工固定循环
G28 Z0；	返回 *Z* 轴参考点
M30；	程序结束
O0011；　　(ϕ9.8mm 麻花钻)	程序名
G54　G40　G94 G90 G80；	程序初始参数设置
G91 G28 Z0；	*Z* 轴回参考点
M03 S300；	启动主轴
G90 G0 Z50；	快速移到安全位置
G98 G83 X0 Y0 Z-35 R-5 F60；	孔固定循环，深孔钻左边孔，返回初始平面
G80；	取消孔加工固定循环
G28 Z0；	返回 *Z* 轴参考点
M05；	主轴停止
M30；	程序结束
O0020；　　（主程序 1）	程序名
G90 G21 G94 G40 G49 G80 G54；	程序初始参数设置
M3 S800；	*Z* 轴回参考点
G91 G28 Z0；	启动主轴
G90 G0 X-60 Y0 Z20；	快速移到起始位置
G1 Z0 F100；	下刀至 *Z0* 位置
M98 P21 L6；	调用子程序 ϕ80mm 轮廓，6 次
G90 G0 X-60 Y0 Z20；	返回起始点
G1 Z0 F100；	下刀至 *Z0* 位置
M98 P22 L4；	调用子程序六方凹圆轮廓，4 次
M05；	主轴停止
M30；	程序结束
O0022；　　（六边形外轮廓）	程序名
G91 G1 Z-2.5 F100；	增量方式下刀 2.5mm
G90 G1 G41 X-40 Y0 D01；	绝对方式下到轮廓起点
X-35 Y8.66；	轮廓加工
X-30 Y6.16；	

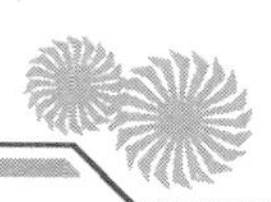

续表

程序	说明
G3　X-20.67 Y23.48 R10；	
G1　X-25 Y25.98；	
X-20 Y34.64；	
X20；	
X25 Y25.98；	
X20 Y23.48；	
G3　X30.67 Y6.16 R20；	
G1　X35 Y8.66；	
X40 Y0；	
X20 Y-34.64；	
X-20；	
X-40 Y0；	
G1 G40 X-60；	取消刀补
M99；	程序结束
O0014；　（精镗孔）	程序名
G54　G40　G94 G90 G80；	程序初始参数设置
G91 G28 Z0；	*Z* 轴回参考点
M3 S2500	启动主轴
G90 G0 Z50；	快速移到 *Z*50 的位置
G76 X0 Y0 Z-35 R5 Q1000 P50；	精镗孔（0,0，-35）
G80；	取消孔加工固定循环
G91 G28 Z0；	返回参考点
M30	程序结束
O0013；　（铰孔）	程序名
G90 G54 G50 G80；	程序初始参数设置
G91 G28 Z0；	*Z* 轴回参考点
M03 S150；	启动主轴
G90 G0 Z50；	快速移到 *Z*50 的位置
G99 G82 X-25.37 Y14.65 Z-35 R-5 P1000F50；	孔固定循环，铰左边孔，返回 *R* 点平面
G98 X25.37 Y14.65	孔固定循环，铰右边孔，返回初始平面
G80；	取消孔加工固定循环
G28 Z0；	返回 *Z* 轴参考点
M30；	程序结束
O0021；　（ϕ80mm 的圆）	程序名
G91 G1 Z-2.5 F100；	增量方式下刀 2.5mm
G90 G1 G41 X-40 Y0 D01；	绝对方式移动到圆弧起点
G2　X-40 Y0 I40 J0；	整圆加工，顺时针
G1 G40 X-60；	退出刀补
M99；	子程序返回

2.2.3 零件加工

详见视频“六方内圆轮廓零件的加工操作”。

1）打开数控铣床，开机。
2）机床数控轴回参考点。
3）工件装夹。
4）刀具装夹并对刀。
5）手动刀具至安全位置。
6）输入程序检查调试。
7）完成零件加工。
8）检测工件，根据评分表完成检测，优化程序。
9）填写实践报告，整理好工具，打扫数控机床并关闭机床。

扫码观看视频

六方内圆轮廓零件的加工操作

2.2.4 操作测评

1. 操作现场记录（20 分）

任务 2.2 操作现场记录见表 2-15。

表 2-15 任务 2.2 操作现场记录

<table>
<tr><td rowspan="7">安全文明生产</td><td>安全规范</td><td>好 □ 一般 □ 差 □</td></tr>
<tr><td>刀具、工具、量具的放置合理</td><td>合理 □ 不合理 □</td></tr>
<tr><td>正确使用量具</td><td>好 □ 一般 □ 差 □</td></tr>
<tr><td>设备保养</td><td>好 □ 一般 □ 差 □</td></tr>
<tr><td>关机后机床停放位置合理</td><td>合理 □ 不合理 □</td></tr>
<tr><td>发生重大安全事故、严重违反操作规程者（取消考试）</td><td>（事故状态）：</td></tr>
<tr><td>备注</td><td></td></tr>
<tr><td rowspan="10">规范操作</td><td>开机前的检查和开机顺序正确</td><td>检查 □ 未检查 □</td></tr>
<tr><td>正确回参考点</td><td>回参考点 □ 未回参考点 □</td></tr>
<tr><td>工件装夹规范</td><td>规范 □ 不规范 □</td></tr>
<tr><td>刀具安装规范</td><td>规范 □ 不规范 □</td></tr>
<tr><td>正确对刀，建立工件坐标系</td><td>正确 □ 不正确 □</td></tr>
<tr><td>正确设定换刀点</td><td>正确 □ 不正确 □</td></tr>
<tr><td>正确校验加工程序</td><td>正确 □ 不正确 □</td></tr>
<tr><td>正确设置参数</td><td>正确 □ 不正确 □</td></tr>
<tr><td>自动加工过程中，不得开防护门</td><td>未开 □ 开 □ 次数 □</td></tr>
<tr><td>备注</td><td></td></tr>
<tr><td>时间</td><td>开始时间：</td><td>结束时间：</td></tr>
</table>

2. 零件加工质量检测表（80 分）

任务 2.2 零件加工质量检测表见表 2-16。

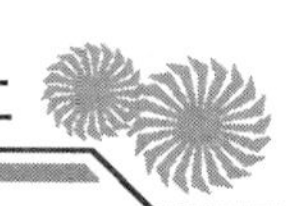

表 2-16　任务 2.2 零件加工质量检测表

项目与权重		序号	技术要求	配分	评分标准	检测记录	得分
工件加工评分（80%）	外轮廓	1	$69.28_{-0.03}^{0}$ mm	4×3	超差 0.01 扣 2 分		
		2	$\phi80_{-0.03}^{0}$ mm	3	超差 0.01 扣 2 分		
		3	$20_{-0.02}^{0}$ mm	3×2	超差 0.01 扣 2 分		
		4	$10_{0}^{+0.03}$ mm	3	超差 0.01 扣 2 分		
		5	$5_{0}^{+0.03}$ mm	3	超差 0.01 扣 2 分		
		6	平行度 0.05mm	3×2	超差 0.01 扣 2 分		
		7	对称度 0.05mm	2×5	超差 0.01 扣 2 分		
		8	*Ra* 3.2μm	8	每处 1 分		
		9	*R*10mm 等一般尺寸	4	每处 1 分		
	内轮廓与孔	1	ϕ10H8	3×2	超差全扣		
		2	ϕ25H8	7	超差全扣		
		3	29.68mm	3×2	超差 0.01 扣 2 分		
		4	*Ra* 3.2μm	2×3	每处 2 分		

2.2.5　相关知识

详见视频“可编程镜像指令、镜像编程示例及注意事项”。

1. 可编程镜像指令

可编程镜像指令、镜像编程示例及注意事项

使用可编程镜像指令可实现沿某一坐标轴或某一坐标点的对称加工。在一些老的数控系统中通常采用 M 指令来实现镜像加工，在 FANUC 0i 及更新版本的数控系统中则采用 G51 或 G51.1 来实现镜像加工。

（1）指令格式一

```
G17 G51.1 X__ Y__;
G50.1;
```

其中：*X*、*Y*——指定对称轴或对称点。当 G51.1 指令后仅有一个坐标字时，该镜像以某一坐标轴为镜像轴。

【例】 `G51.1 X10.0;`

上例表示沿某一轴线进行镜像，该轴线与 *Y* 轴相平行且与 *X* 轴在 *X* =10.0 处相交。

当 G51.1 指令中同时有 *X* 和 *Y* 坐标字时，表示该镜像是以某一点作为对称点进行镜像。例如，以点（10，10）作为对称点的镜像指令如下：

```
G51.1 X10.0 Y10.0;
```

其中：G50.1——取消镜像指令。

（2）指令格式二

```
G17 G51 X__ Y__ I__ J__;
G50;
```

使用这种格式时，指令中的 *I*、*J* 值一定是负值，如果其值为正值，则该指令变成了缩放指令。另外，虽然 *I*、*J* 值是负值但不等于 –1，则执行该指令时，既进行镜像又进行缩放。

【例】 `G17 G51 X10.0 Y10.0 I-1.0 J-1.0;`

执行该指令时，程序以坐标点（10.0，10.0）进行镜像，不进行缩放。

【例】 `G17 G51 X10.0 Y10.0 I-2.0 J-1.5;`

执行该指令时，程序在以坐标点（10.0，10.0）进行镜像的同时，还要进行比例缩放，其中轴 *X* 方向的缩放比例为 2.0，而 *Y* 方向的缩放比例为 1.5。

同样，G50 表示取消镜像。

2. 镜像编程示例

【例】 试用镜像指令编写图 2-8 所示轮廓的加工中心加工程序。

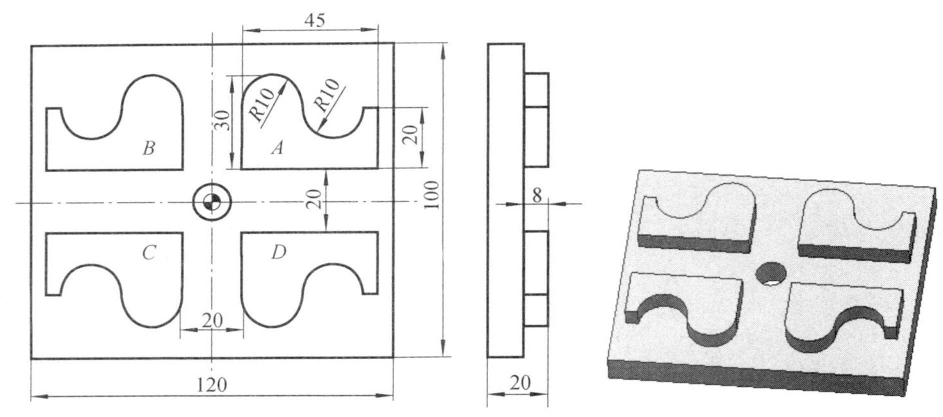

图 2-8 镜像编程示例

程序如下：

```
O0001;                          主程序
……;
S500 M03;
G01 Z-8.0 F100;
M98 P300;                       调用子程序加工轨迹 A
G51 X0 Y0 I-1.0 J1.0;           调用子程序加工轨迹 B
M98 P300;
```

```
G50;
G51 X0 Y0 I-1.0 J-1.0;        以O1作为对称点
M98 P300;                     调用子程序加工轨迹C
G50;
G51 X0 Y0 I1.0 J-1.0;         调用子程序加工轨迹D
M98 P300;
G50;
……;
O300;                         子程序
G41 G01 X10.0 Y0 D01;
        Y30.0;
G02 X30.0 R10.0;
G03 X50.0 R10.0;
G01 X55.0;
     Y10.0;
     X0;
G40 G01 X0 Y0;
M99;
```

3. 镜像编程的注意事项

1）在指定平面内执行镜像指令时，如果程序中有圆弧指令，则圆弧的旋转方向相反，即 G02 变成 G03，相应地，G03 变成 G02。

2）在指定平面内执行镜像指令时，如果程序中有刀具半径补偿指令，则刀具半径补偿的偏置方向相反，即 G41 变成 G42，相应地，G42 变成 G41。

3）在可编程镜像方式中，返回参考点指令（G27、G28、G29、G30）和改变坐标系指令（G54～G59，G92）不能指定。如果要指定其中的某一个，则必须在取消可编程镜像后指定。

4）在使用镜像功能时，由于数控镗铣床的 Z 轴一般安装有刀具，因此，Z 轴一般不进行镜像加工。

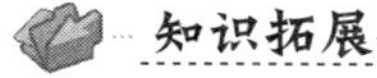

知识拓展

螺尖丝锥与螺旋槽丝锥的区别

1. 螺尖丝锥

螺尖丝锥（图 2-9）通常称为先端丝锥、下屑槽丝锥，主要用于各种通孔材料的螺纹被切削作业。螺尖丝锥具有与一般直槽丝锥相同的的直线沟槽，但在其切削部前端有特殊设计的螺旋沟槽，借以旋转推送切削从孔的下方排出。由于螺尖丝锥具有此旋转排出切屑的功能，因此除可保持沟槽的清洁以减少切削时的抗力外，还能避免因切削堵塞而造成对丝锥的损害，因此螺尖丝锥可采用比一般直槽丝锥更快的速度来切削高精度的螺纹。

2. 螺旋槽丝锥

螺旋槽丝锥（图 2-10）属于丝锥的一种，是最常用的一种加工螺纹的工具，因排屑槽为螺旋状而得名。根据不同的工况采用不同的螺旋角度，常见的是右旋 15°和 42°。一般来说螺旋角越大，排屑性能越好。螺旋槽丝锥排屑槽，根据旋向的不同分为左旋和右旋。右旋螺旋槽丝锥攻丝时切屑向上排出，适合于盲孔；左旋螺旋槽丝锥攻丝时切屑向下排，适合于通孔。

图 2-9　螺尖丝锥

图 2-10　螺旋槽丝锥

思考与练习

一、填空题

1．使用可编程镜像指令可实现________的对称加工。

2．可编程镜像编程指令有两种格式，分别为________和________，相应的镜像取消指令是________和________。

3．可编程镜像编程指令中的 I、J 值一定是负值，如果为正值，则该指令变成了________指令。另外，虽然 I、J 值是负值但不等于－1，则该指令的功能是________。

4．在可编程镜像方式中，________指令和________指令不能指定。如果要指定其中的某一个，则必须在取消可编程镜像后指定。

5．在指定平面内执行镜像指令时，如果程序中有圆弧指令，则圆弧的旋转方向________，即 G02 变成________，相应地，G03 变成________。

6．在指定平面内执行镜像指令时，如果程序中有刀具半径补偿指令，则刀具半径补偿的偏置方向________，即 G41 变成________，相应地，G42 变成________。

7．________在坐标系旋转指令中执行镜像指令或比例缩放指令，也________在坐标系旋转指令中执行刀具半径补偿指令。

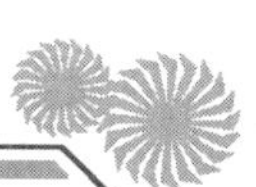

二、选择题

1．指令 G51.1 X10 的镜像轴为（　　）。

A．X 轴

B．Y 轴

C．过点（10,0,0）且平行于 Y 轴的轴线

D．过点（0,10,0）且平行于 X 轴的轴线

2．在执行以下镜像指令过程中，刀具半径补偿的偏置方向与镜像前没有变化的指令是（　　）。

A．G51.1 X10 Y10　　B．G51 X10 I−1

C．G51.1 X10　　D．G51.1 Y10

3．在使用镜像功能时，由于数控镗铣床的 Z 轴一般安装有刀具，所以，Z 轴一般都（　　）镜像加工。

A．不进行　　B．进行

C．都可以　　D．以上选项都不对

4．指令 G51 X10.0 Y10.0 I−1.0 J1.0；表示以（　　）进行镜像。

A．坐标点（10.0，10.0）

B．过点（10.0,10.0）且平行于 Y 轴的轴线

C．坐标点（−1.0,1.0）

D．过点（10.0,10.0）且平行于 X 轴的轴线

三、编制如图题 2-2 所示零件的加工程序

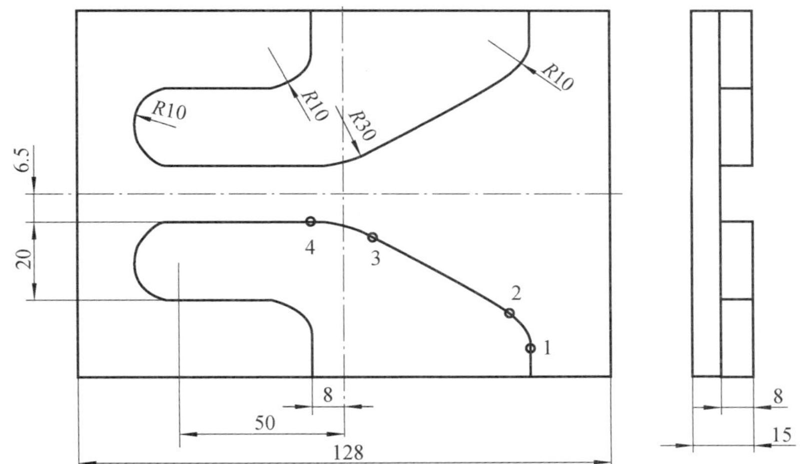

图题 2-2

任务 2.3 薄壁轮廓零件的编程与加工

任务描述

本任务综合零件主要由薄壁曲线轮廓和内方凸台组成（图 2-11）。本任务将进一步提高学生基本轮廓的编程能力和工艺分析能力，以及产品质量意识。

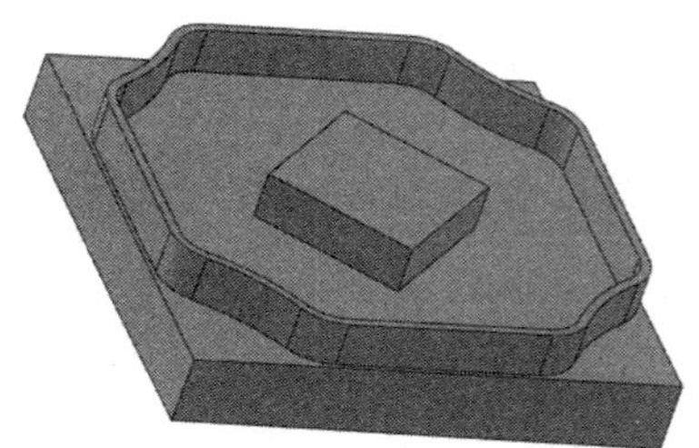

图 2-11 薄壁轮廓零件

任务目标

1．识读零件图，知道零件组成结构及加工尺寸要求。
2．能合理选择加工参数及相关的刀具和量具。
3．会制订零件的加工工艺。
4．通过测量反馈信息，能及时调整加工参数，保证加工质量。

2.3.1 工艺分析

1. 图样分析

该零件由一个（2±0.03）mm 的薄壁与一个旋转 45° 角的正方体轮廓组成，铣削深度为 10mm，如图 2-12 所示。该件只需加工一个面，并与基准 *A* 面有平行度要求，公差为 0.04mm，因此可通过一次装夹完成图样上所需加工的要素。加工工艺相对简单，主要是捕捉薄壁圆弧与圆弧过渡处的坐标点，尺寸精度要求较高，必须严格按照基准先行、先粗后精的原则进行加工。

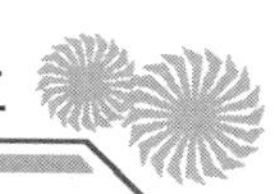

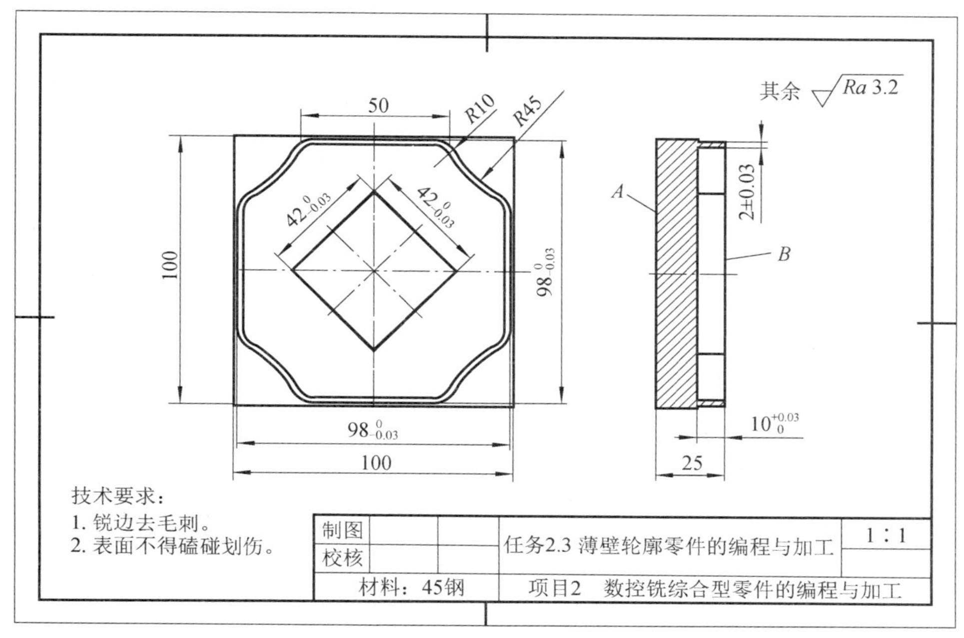

图 2-12　任务 2.3 的图样

2. 编制工艺卡

（1）工艺分析

1）薄壁外轮廓：在毛坯料外面定位，可从某条边的延长线切入，绕工件铣削一周后，从最后一条边的延长线切出。

2）薄壁型腔：在工件里面避开轮廓为旋转 45° 的 42mm×42mm 正方形定位，并采用圆弧切入型腔的某一条边，绕工件铣削一周，从最后一条边处圆弧切出。

3）正方形轮廓：在避开正方形的 *X* 轴或 *Y* 轴处定位，可从某条边的延长线切入，绕工件铣削一周后，从最后一条边的延长线切出。

（2）加工步骤

1）装夹工件，铣削上表面-*A*。

2）以 *A* 面作为基准面，重新装夹工件。

3）铣削上边面-*B*。

4）粗加工薄壁外轮廓，四周留 0.5mm 精加工余量。

5）粗加工薄壁型腔，四周留 0.5mm 精加工余量。

6）粗加工正方形轮廓，四周留 0.05mm 精加工余量。

7）手动去除余量。

8）半精加工薄壁外轮廓，四周留 0.05mm 精加工余量。

9）半精加工薄壁型腔，四周留 0.05mm 精加工余量。

10）精加工正方形轮廓，使尺寸与表面粗糙度达到图样要求。

11）精加工薄壁外轮廓，使尺寸与表面粗糙度达到图样要求。

12）精加工薄壁型腔，使尺寸与表面粗糙度达到图样要求。

2.3.2 程序编制

1. 任务准备

（1）确定机床

机床配备清单见表 2-17。

表 2-17 任务 2.3 机床配备清单

序号	名称	型号	数量
1	数控铣床	V600 FANUC 0i-MD	2～4 人/台
2	机用平口钳	QM16160	1 个/台
3	扳手	平口钳扳手	1 个/台
4	百分表	0.01mm	1 个/台

（2）确定材料

备料建议清单见表 2-18。

表 2-18 任务 2.3 备料建议清单

序号	材料	规格/mm	数量
1	45 钢	100×100×25	
2	铝	100×100×25	

（3）确定量具、刀具

数控车床量具、刀具建议清单见表 2-19。

表 2-19 任务 2.3 数控车床量具、刀具建议清单

类别	序号	名称	规格	精度/mm	数量/工位
量具	1	外径千分尺	0～25mm、75～100mm	0.01	各 1
	2	深度千分尺	0～25mm	0.01	1
	3	游标卡尺	0～200mm	0.02	1
刀具	1	立铣刀	ϕ8mm		
	2	键槽铣刀	ϕ8mm		

2. 制订加工工艺卡

薄壁轮廓零件加工工艺卡见表 2-20。

表 2-20　薄壁轮廓零件加工工艺卡

加工名称	薄壁轮廓零件			工序号	1	
工序	工步加工内容	刀具编号	刀具名称（刀具型号）	主轴转速 /（r/min）	背吃刀量 /mm	进给速度 /（mm/min）
1	粗加工外轮廓	T01	ϕ8mm 立铣刀	500	2	100
2	粗加工内轮廓	T02	ϕ8mm 键槽铣刀	500	2	100
3	粗加工四方形	T02	ϕ8mm 键槽铣刀	500	2	100
4	去除余量	T01	ϕ8mm 立铣刀	500		手动进给
5	精加工外轮廓	T01	ϕ8mm 立铣刀	1000	10	80
6	精加工内轮廓	T01	ϕ8mm 立铣刀	1000	10	80
7	精加工四方形	T01	ϕ8mm 立铣刀	1000	10	80

注：工艺卡中的切削用量仅供参考，可以根据实际切削状况进行合理调整。

3. 编制加工程序

薄壁轮廓零件程序见表 2-21。

表 2-21　薄壁轮廓零件主程序

程序	说明
O0010;	程序名
G54 G94 G90;	程序初始化
M3 S2200 M08;	主轴正转，转速 2200r/min，切削液开
G00 X60 Y0;	刀具快速定位下刀点
G00 Z5;	快速接近到工件上表面 5mm 处
G01 Z0 F100;	Z 向进给至 0 处
M98 P20 L2;	调用子程序 O0020 两次
G00 Z100;	刀具沿 Z 向抬高至安全高度 100mm 处
G00 X35 Y-15;	刀具快速定位下刀点
G00 Z5;	快速接近至工件上表面 5mm 处
G01 Z0 F100;	Z 向进给至 0 处
M98 P30 L2;	调用子程序 O0030 两次
G00 Z100;	刀具沿 Z 向抬高至安全高度 10mm 处
G00 X35 Y-15;	刀具快速定位下刀点
G00 Z5	快速接近至工件上表面 5mm 处

续表

程序	说明
G01 Z0 F100	Z 向进给至 0 处
G68 X0 Y0 R45	终坐标点（0，0）进行坐标系旋转，旋转角度为 45°
M98 P40 L2	调用子程序 O0040 两次
G69	取消坐标系旋转
G91 G28 Z0	刀具返回 Z 向初始点
M05	主轴停止
M30；	程序结束并返回程序开头

薄壁轮廓子程序见表 2-22。

表 2-22　薄壁轮廓子程序

程序	说明
O0020；	子程序名
G91 G1 Z-5 F100；	刀具下刀至第一次加工深度-5mm 处（相对值编程）
G90 G41 G1 X49 Y0 D01；	建立刀具半径补偿（绝对值编程）
G01 X49 Y18.8218；	薄壁轮廓加工
G03 X43.9946 Y27.4852 R10；	
G02 X27.4852 Y43.9946 R45；	
G03 X18.8218 Y49 R10；	
G01 X-18.8218 Y49；	
G03 X-27.4852 Y43.9946 R10；	
G02 X-43.9946 Y27.4852 R45；	
G03 X-49 Y18.8218 R10；	
G01 X-49 Y-18.8218；	
G03 X-43.9946 Y-27.4852 R10；	
G02 X27.4852 Y-43.9946 R45；	
G03 X-18.8218 Y-49 R10；	
G01 X18.8218 Y-49；	
G03 X27.4852 Y-43.9946 R10；	
G02 X43.9946 Y-27.4852 R45；	
G03 X49 Y-18.8218 R10；	
G01 X49 Y0；	
G40 G1 X60 Y0；	取消刀具半径补偿
M99；	子程序结束

薄壁型腔子程序见表 2-23。

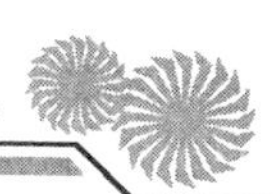

表 2-23　薄壁型腔子程序

程序	说明
O0030;	子程序名
G91 G1 Z-5 F100;	刀具下刀至第一次加工深度-5mm 处（相对值编程）
G90 G42 G1 X49 Y0 D02;	建立刀具半径补偿（绝对值编程）
G01 X49 Y18.8218;	薄壁型腔加工
G03 X43.9946 Y27.4852 R10;	
G02 X27.4852 Y43.9946 R45;	
G03 X18.8218 Y49 R10;	
G01 X-18.8218 Y49;	
G03 X-27.4852 Y43.9946 R10;	
G02 X-43.9946 Y27.4852 R45;	
G03 X-49 Y18.8218 R10;	
G01 X-49 Y-18.8218;	
G03 X-43.9946 Y-27.4852 R10;	
G02 X-27.4852 Y-43.9946 R45;	
G03 X-18.8218 Y-49 R10;	
G01 X18.8218 Y-49;	
G03 X27.4852 Y-43.9946 R10;	
G02 X43.9946 Y-27.4852 R45;	
G03 X49 Y-18.8218 R10;	
G01 X49 Y0;	
G40 G1 X35 Y-15;	取消刀具半径补偿
M99;	子程序结束

正方形轮廓零件子程序见表 2-24。

表 2-24　正方形轮廓零件子程序

程序	说明
O0040;	子程序名
G91 G1Z-5 F100;	刀具下刀至第一次加工深度-5mm 外（相对值编程）
G90 G41 G1 X21 Y21 D01;	建立刀具半径补偿（绝对值编程）
G1X-21 Y21;	正方形轮廓加工
X-21 Y-21;	
X21 Y-21;	
X21 Y21;	
G40 G0 X40 Y0;	取消刀具半径补偿
M99;	子程序结束

2.3.3 零件加工

详见视频“薄壁轮廓零件的加工操作”。

1）打开数控铣床，开机。

2）机床数控轴回参考点。

3）工件装夹。

4）刀具装夹并对刀。

5）手动刀具至安全位置。

6）输入程序检查调试。

7）完成零件加工。

8）检测工件，根据评分表完成检测，优化程序。

9）填写实践报告，整理好工具，打扫数控机床并关闭机床。

扫码观看视频

薄壁轮廓零件的加工操作

2.3.4 操作测评

1. 操作现场记录（20 分）

任务 2.3 操作现场记录见表 2-25。

表 2-25 任务 2.3 操作现场记录

安全文明生产	安全规范	好 □	一般 □	差 □
	刀具、工具、量具的放置合理	合理 □		不合理 □
	正确使用量具	好 □	一般 □	差 □
	设备保养	好 □	一般 □	差 □
	关机后机床停放位置合理	合理 □		不合理 □
	发生重大安全事故、严重违反操作规程者（取消考试）	（事故状态）：		
	备注			
规范操作	开机前的检查和开机顺序正确	检查 □	未检查 □	
	正确回参考点	回参考点 □	未回参考点 □	
	工件装夹规范	规范 □	不规范 □	
	刀具安装规范	规范 □	不规范 □	
	正确对刀，建立工件坐标系	正确 □	不正确 □	
	正确设定换刀点	正确 □	不正确 □	
	正确校验加工程序	正确 □	不正确 □	
	正确设置参数	正确 □	不正确 □	
	自动加工过程中，不得开防护门	未开 □	开 □	次数 □
	备注			
时间	开始时间：	结束时间：		

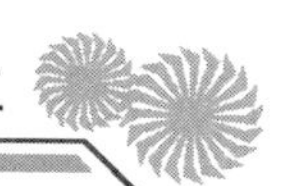

2. 零件加工质量检测表（80 分）

任务 2.3 零件加工质量检测表见 2-26。

表 2-26　任务 2.3 零件加工质量检测表

项目与权重		序号	技术要求	配分	评分标准	检测记录	得分
工件加工评分（80%）	外轮廓	1	$98_{-0.03}^{0}$ mm	10	超差 0.02mm 扣 2 分		
		2	$42_{-0.03}^{0}$ mm	10	超差 0.02mm 扣 2 分		
		3	（2±0.03）mm	10	超差全扣		
		4	平行度 0.04mm	10	超差全扣		
		5	$10_{0}^{+0.03}$ mm	10	超差 0.02mm 扣 2 分		
		6	侧面 *Ra* 1.6μm	10	超差全扣		
		7	底面 *Ra* 3.2μm	10	超差全扣		
		8	*R* 10mm、*R* 45mm	10	每错一处扣 5 分		

2.3.5　相关知识

详见视频“比例缩放指令、比例缩放编程示例及说明、薄壁轮廓零件的编程”。

扫码观看视频

比例缩放指令、比例缩放编程示例及说明、薄壁轮廓零件的加工操作

1. 比例缩放指令

在数控编程中，有时在对应坐标轴上的值是按固定的比例系数进行放大或缩小的，这时，为了编程方便，可采用比例缩放指令来进行编程。

（1）比例缩放指令格式一

```
G51 I__ J__ K__ P__;
```

【例】 `G51 I0 J10.0 P2000;`

其中：*I*、*J*、*K* 的作用有两个：①选择要进行比例缩放的轴，其中 *I* 表示 *X* 轴，*J* 表示 *Y* 轴，上例表示在 *X*、*Y* 轴上进行比例缩放，而在 *Z* 轴上不进行比例缩放；②指定比例缩放的中心，I0 J10.0 表示缩放中心在坐标（0，10.0）处，如果省略了 *I*、*J*、*K*，则 G51 指定刀具的当前位置作为缩放中心。

P 为进行缩放的比例系数，不能用小数点来指定该值，P2000 表示缩放比例为 2 倍。

（2）比例缩放指令格式二

```
G51 X__ Y__ Z__ P__;
```

【例】 `G51 X10.0 Y20.0 P1500;`

其中：*X*、*Y*、*Z* 与格式一中的 *I*、*J*、*K* 参数作用相同，只是由于系统不同，书写格式不同。

（3）比例缩放指令格式三

```
G51 X__ Y__ Z__ I__ J__ K__;
```

【例】 `G51 X10.0 Y20.0 Z0 I1.5 J2.0 K1.0;`

其中：*X*、*Y*、*Z*——比例缩放的中心。

I、*J*、*K*——不同坐标方向上的缩放比例，该值用带小数点的数值指定。*I*、*J*、*K* 可以指定不相等的参数，表示该指令允许沿不同的坐标方向进行不等比例缩放。

上例表示在以坐标点（10，20，0）为中心进行比例缩放，在 *X* 轴方向的缩放倍数为 1.5 倍，在 *Y* 轴方向上的缩放倍数为 2.0 倍，在 *Z* 轴方向则保持原比例不变。

取消缩放格式指令为 G50。

2. 比例缩放编程示例

【例】 如图 2-13 所示，将外轮廓轨迹 *ABCDE* 以原点为中心在 *XY* 平面内进行等比例缩放，缩放比例为 2.0，试编写其加工程序。

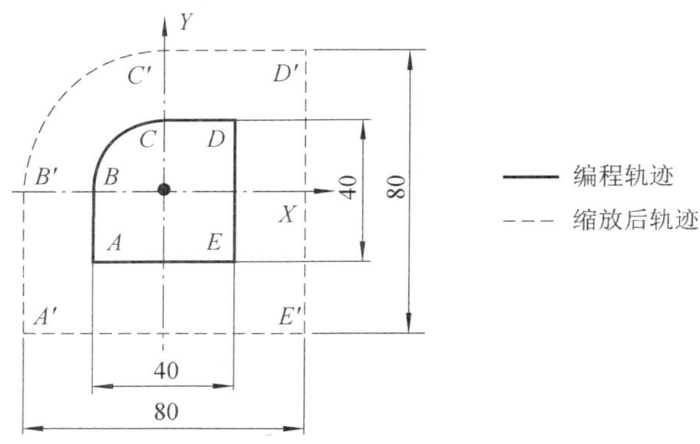

图 2-13 等比例缩放示例

程序如下：

```
O0004;
……;
G00 X-50.0 Y-50.0;          刀具位于缩放后工件轮廓外侧
G01 Z-5.0 F100;
G51 X0 Y0 P2000;            在 XY 平面内进行缩放，缩放比例相同，为 2.0 倍
```

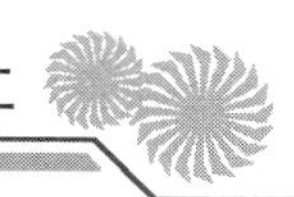

```
G41 G01 X-20.0 Y-30.0 D01;    在比例缩放编程中建立刀补
        Y0;                   以原轮廓进行编程，但刀具轨迹为缩放后轨迹
G02 X0 Y20.0 R20.0;           缩放后，圆弧半径为 40mm
G01 X20.0;
    Y-20.0;
    X-30.0;
G40 X-25.0 Y-25.0;            该点与切入点位置重合
G50;                          先取消刀具半径补偿，再取消缩放
……;
```

3. 比例缩放编程的说明

（1）比例缩放中的圆弧插补

在比例缩放中进行圆弧插补，如果进行等比例缩放，则圆弧半径也相应缩放相同的比例；如果指定不同的缩放比例，则刀具不会走出相应的椭圆轨迹，仍将进行圆弧插补，圆弧的半径根据 *I*、*J* 中的较大值进行缩放。

（2）比例缩放中的刀具半径补偿问题

在编写比例缩放程序过程中，要特别注意建立刀补程序段的位置，通常刀补程序段应写在缩放程序段内。

【例】

```
G51 X__ Y__ Z__ P__;
  G41 G01 … D01 F100;
```

在执行该程序段过程中，机床能正确运行，但执行如下程序则会产生机床报警。

```
G41 G01… D01 F100;
G51 X__ Y__ Z__ P__;
```

比例缩放对于刀具半径补偿值、刀具长度补偿值及工件坐标系零点偏移值无效。

（3）比例缩放中的注意事项

1）比例缩放的简化形式。如将比例缩放程序“G51 X__ Y__ Z__ P__;”或“G51 X__Y__ Z__ I__ J__ K__;”简写成“G51;”，则缩放比例由机床系统参数决定，具体值请查阅机床有关参数表，而缩放中心则指刀具刀位点的当前所处位置。

2）比例缩放对固定循环中 *Q* 值与 *d* 值无效。在比例缩放过程中，有时不希望进行 *Z* 轴方向的比例缩放。这时，可修改系统参数，以禁止在 *Z* 轴方向上进行比例缩放。

3）比例缩放对工件坐标系零点偏移值和刀具补偿值无效。

4）在缩放状态下，不能指定返回参考点的 G 指令（G27～G30），也不能指定坐标系设定指令（G52～G59，G92）。若一定要指令这些 G 代码，应在取消缩放功能后指定。

知识拓展

不锈钢加工方法

1. 对刀具几何参数的要求

加工不锈钢时，刀具切削部分的几何形状，一般应从前角、后角的选择来考虑。在选择前角时，要考虑卷屑槽型、有无倒棱和刃倾角的正负角度大小等因素。不论何种刀具，加工不锈钢时都必须采用较大的前角。增大刀具的前角可减小切削力和清除过程中所遇到的阻力。对后角的选择要求不十分严格，但不宜过小，后角过小容易和工件表面产生严重摩擦，使加工表面粗糙度恶化，加速刀具磨损。另外，强烈摩擦也增强了不锈钢表面加工硬化的效应。刀具后角也不宜过大，后角过大，使刀具的楔角减小，降低了切削刃的强度，加速了刀具的磨损。通常，后角应比加工普通碳钢时适当大些。

2. 对刀具切削部分表面粗糙度的要求

提高刀具切削部分的表面粗糙度可减小切屑形成卷曲时的阻力，提高刀具的耐用度。与加工普通碳钢相比较，加工不锈钢时应适当降低切削用量以减缓刀具磨损；同时还要选择适当的切削液，以降低切削过程中的切削热和切削力，延长刀具的使用寿命。

3. 对刀杆材料的要求

加工不锈钢时，由于切削力较大，故刀杆必须具备足够的强度和刚性，以免在切削过程中发生颤振和变形。这就要求选用适当大的刀杆截面积，同时还应采用强度较高的材料来制造刀杆，如采用调质处理的 45 钢或 50 钢。

4. 刀具材料牌号的选择

刀具材料的切削性能关系着刀具的耐用度和生产率，刀具材料的工艺性影响着刀具本身的制造与刃磨质量。宜选择硬度高、抗黏结性和韧性好的刀具材料，如 YG 类硬质合金，最好不要选用 YT 类硬质合金。尤其是在加工 1Gr18Ni9Ti 奥氏体不锈钢时应绝对避免选用 YT 类硬质合金，因为不锈钢中的钛（Ti）和 YT 类硬质合金中的 Ti 产生亲和作用，切屑容易把合金中的 Ti 带走，促使刀具磨损加剧。

5. 切削用量的选择

为了抑制积屑瘤和鳞刺的产生，提高表面质量，用硬质合金刀具进行加工时，切削用量要比车削一般碳钢类工件稍低些，特别是切削速度不宜过高，一般推荐切削速度 V_c=60～80m/min，背吃力量 a_p=4～7mm，进给量 f_Z=0.15～0.6mm。

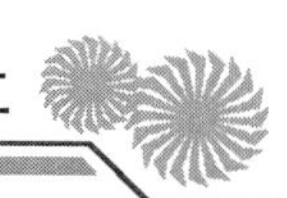

思考与练习

一、填空题

1. 比例缩放指令有三种编程格式，第一种为________，比例缩放取消指令为________；第二种为________，比例缩放取消指令为________；第三种为________，比例缩放取消指令为________。

2. 在编写比例缩放程序过程中，要特别注意建立刀补程序段的位置，通常刀补程序段应写在________。

3. 在缩放状态方式中，________指令和________指令不能指定。如果要指定其中的某一个，则必须在取消缩放后指定。

二、选择题

1. 指令 G51 X2 Y1.5 的缩放比例为（　　）。

A. 2　　　　B. 1.5

C. 不等比例缩放　　　　D. 由系统参数确定

2. 如果在比例缩放编程中编写刀具半径补偿，则刀补程序段写在缩放程序段的（　　）。

A. 内部　　　　B. 外部

C. 无所谓　　　　D. 不能编写刀补程序

3. 执行指令 G51 X0 Y10 I2 J1.5 G01 X-10 Y20；后，在 *XY* 平面内刀具位点所处位置的坐标为（　　）。

A.（-10，20）　　　　B.（-20，30）

C.（-20，25）　　　　D.（-25，30）

4. 执行指令 G51 X0 Y0 I-2 J-1；G01 X-10 Y20；后，在 *XY* 平面内刀具中心所处位置的坐标为（　　）。

A.（-10，20）　　　　B.（-20，-20）

C.（20，20）　　　　D.（20.0，-20）

5. 下列功能中，G51 指令不具有的功能是（　　）功能。

A. 比例缩放　　　　B. 镜像

C. 镜像缩放　　　　D. 坐标系旋转

三、判断题

1．指令 G51 X1.5 Y2;表示在 X 轴方向的缩放比例是 1.5 倍，在 Y 轴方向的缩放比例为 2.0 倍。（ ）

2．指令 G51 I1.5 J2 P2000；中 P 值不能用小数点指定，且 P2000 表示等比例缩放为 2 倍。（ ）

3．不等比例缩放指令不能指令三根轴同时进行比例缩放。（ ）

4．在不等比例缩放中进行圆弧插补，则圆弧半径也相应缩放相同的比例，刀具会走出相应的椭圆轨迹。（ ）

5．比例缩放对工件坐标系零点偏移值和刀具补偿值有效。（ ）

四、编制如图题 2-3 所示零件的加工程序

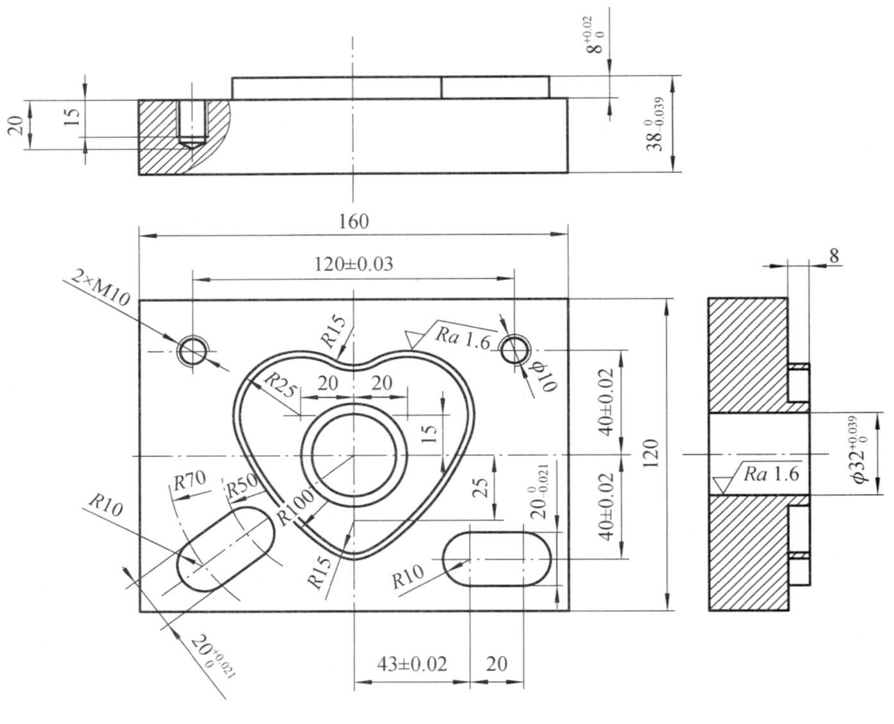

图题 2-3

任务 2.4　叉型轮廓零件的编程与加工

任务描述

本任务综合零件主要由凸台凹槽轮廓组成（图 2-14）。本任务将进一步提高学生基本轮廓的编程能力和工艺分析能力，以及产品质量意识。

图 2-14　叉型轮廓零件

任务目标

1. 识读零件图，知道零件组成结构及加工尺寸要求。
2. 能合理选择加工参数及相关的刀具和量具。
3. 掌握极坐标、局部坐标的编程方法。
4. 会制订零件的加工工艺。
5. 通过测量反馈信息，能及时调整加工参数，保证加工质量。

2.4.1　工艺分析

1. 图样分析

该零件通过一次装夹就可以完成所有的加工，外形 100mm×100mm 为不加工表面，内外圆的加工要求较高，两个分叉要素要求完全一样，是旋转 30° 的对称，三个 ϕ12H8 孔需要铰削，尺寸要求较高，如图 2-15 所示。

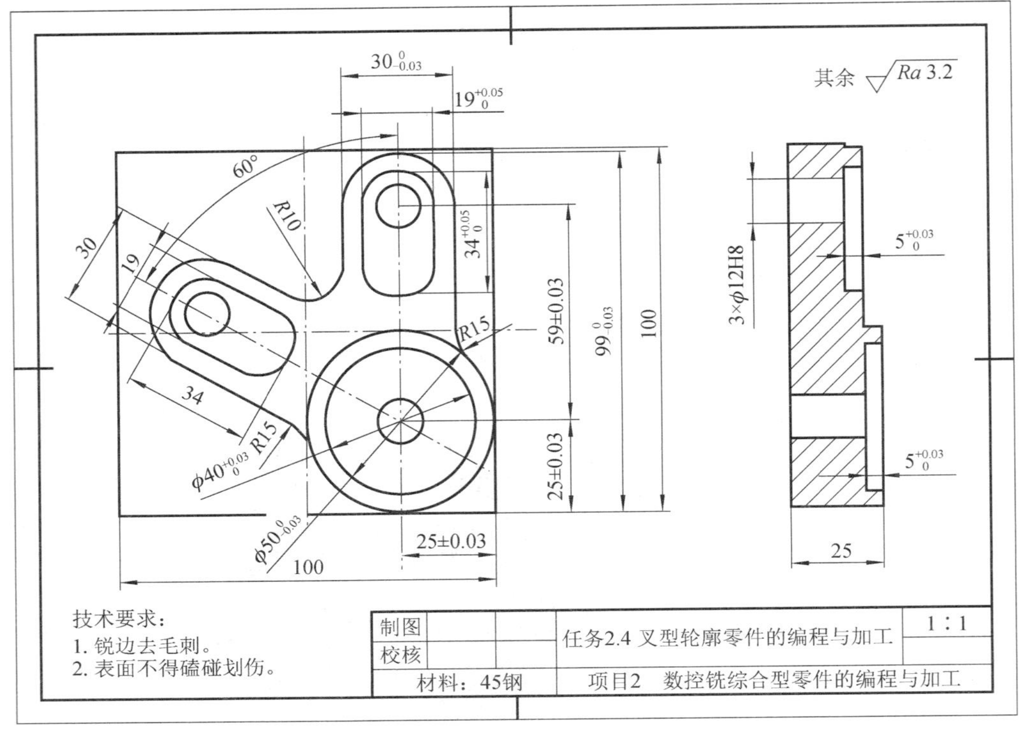

图 2-15 任务 2.4 的图样

2. 编制工艺卡

（1）工艺分析

图样中所有加工要素位于一个平面上，因此此零件只能采用一次装夹，使用立铣刀、键槽铣刀、麻花钻、铰刀一次完成整个零件所需加工的表面。

（2）加工步骤

1）粗铣外轮廓，切深为 10mm，底面不留精加工余量，侧面留 0.6mm 的精加工余量。

2）粗铣外轮廓ϕ50mm 的圆，切深为 5mm，底面不留精加工余量，侧面留有 0.6mm 的精加工余量。

3）粗铣内轮廓ϕ40mm 的圆，切深为 5mm，底面不留精加工余量，侧面留有 0.6mm 的精加工余量。

4）去除余量。

5）粗铣两个键槽，切深为 5mm，底面不留精加工余量，侧面留有 0.6mm 的精加工余量。

6）钻孔 3×ϕ12H8。注意，加工的切削参数与最后的精加工切削参数保持一致。

7）精加工外轮廓，使尺寸和表面粗糙度达到图样要求。

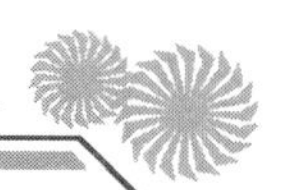

8）精加工外轮廓ϕ50mm 的圆，使尺寸和表面粗糙度达到图样要求。

9）精加工内轮廓ϕ40mm 的圆，使尺寸和表面粗糙度达到图样要求。

10）精加工两个键槽，使尺寸和表面粗糙度达到图样要求。

11）铰孔 3×ϕ12H8，使尺寸和表面粗糙度达到图样要求。

2.4.2　程序编制

1. 任务准备

（1）确定机床

机床配备清单见表 2-27。

表 2-27　任务 2.4 机床配备清单

序号	名称	型号	数量
1	数控铣床	V600 FANUC 0i-MD	2～4 人/台
2	机用平口钳	QM16160	1 个/台
3	扳手	平口钳扳手	1 个/台
4	百分表	0.01mm	1 个/台

（2）确定材料

备料建议清单见表 2-28。

表 2-28　任务 2.4 备料建议清单

序号	材料	规格/mm	数量
1	45 钢	100×100×25	
2	铝	100×100×25	

（3）确定量具、刀具

数控车床量具、刀具建议清单见表 2-29。

表 2-29　任务 2.4 数控车床量具、刀具建议清单

类别	序号	名称	规格	精度/mm	数量/工位
量具	1	外径千分尺	0～25mm、75～100mm	0.01	各 1
	2	深度千分尺	0～25mm	0.01	1
	3	游标卡尺	0～200mm	0.02	1
刀具	1	立铣刀	ϕ8mm		
	2	键槽铣刀	ϕ10mm		
	3	麻花钻	ϕ11.8mm		
	4	铰刀	ϕ12mm		

2. 制订加工工艺卡

叉型轮廓零件加工工艺表见表 2-30。

表 2-30　叉型轮廓零件加工工艺卡

加工名称	叉型轮廓零件			工序号	1	
工序	工步加工内容	刀具编号	刀具名称（刀具型号）	主轴转速/（r/min）	背吃刀量/mm	进给速度/（mm/min）
1	粗加工外轮廓	T01	ϕ8mm 立铣刀	500	2	100
2	粗加工外轮廓ϕ50mm 圆	T01	ϕ8mm 立铣刀	500	2	100
3	粗加工内轮廓ϕ40mm 圆	T02	ϕ10mm 键槽铣刀	500	2	100
4	去除余量	T01	ϕ8mm 立铣刀	500		手动进给
5	粗加工两个键槽	T02	ϕ10mm 键槽铣刀	500	2	100
6	钻孔	T03	ϕ11.8mm 麻花钻	300	27	手动进给
7	精加工外轮廓	T01	ϕ8mm 立铣刀	1000	10	80
8	精加工外轮廓ϕ50mm 圆	T01	ϕ8mm 立铣刀	1000	5	80
9	精加工内轮廓ϕ40mm 圆	T01	ϕ8mm 立铣刀	1000	5	80
10	精加工两个键槽	T01	ϕ8mm 立铣刀	500	5	100
11	铰孔	T04	ϕ12mm 铰刀	200	25	10

注：加工工艺卡中的切削用量仅供参考，可以根据实际切削状况进行合理调整。

3. 编制加工程序

叉型轮廓零件程序见表 2-31。详见视频“叉型轮廓零件的编程”。

扫码观看视频

叉型轮廓零件的编程

表 2-31　叉型轮廓零件程序

程序	说明
O0001;	程序名
M6 T1;	换上 1 号刀，ϕ8mm 中心钻
G54 G90 G21 G17 G40;	程序初始化
M3 S1500;	主轴正转，转速 1500r/min
G43 H1 G0 Z100;	快速移动至 Z100 处（Z 方向调入刀具长度补偿）
X0Y0;	快速到 X0、Y0 处
Z5;	快速移动至 Z5 处
G98 G81 Z-2 R5 F100;	点孔
X59 Y0;	坐标点
X29.5 Y51.09;	坐标点
G80;	取消循环
G0 Z100;	快速返回到 Z100 处
G0 X0 Y0;	快速到 X0、Y0 处
M6 T3;	换上 3 号刀，ϕ11.8mm 钻头

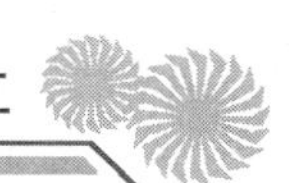

续表

程序	说明
M3 S1000;	主轴正转，转速 1000r/min
G43 H2 G0 Z100;	快速返回到 Z100 处（Z 方向调入刀具长度补偿）
X0 Y0;	快速到 X0、Y0 处
G98 G83 Z-30 Q4 R5 F100;	钻孔
X59 Y0;	坐标点
X29.5 Y51.09;	坐标点
G80;	取消循环
G0 Z100;	快速返回到 Z100 处
G0 X0 Y0;	快速到 X0、Y0 处
M6 T3;	换上 3 号刀，ϕ11.8mm 钻头
M3 S700;	主轴正转，转速 700r/min
G43 H3 G0 Z100;	快速返回到 Z100 处（Z 方向调入刀具长度补偿）
X0 Y0;	快速到 X0、Y0 处
G98 G81 Z-30 R5 F40;	扩孔
X59 Y0;	坐标点
X29.5 Y51.09;	坐标点
G80;	取消循环
G0 X0 Y0;	快速到 X0、Y0 处
M6 T4;	换上 4 号刀，ϕ12H7 铰刀
M3 S150;	主轴正转，转速 150r/min
G43 H4 G0 Z100;	快速返回到 Z100 处（Z 方向调入刀具长度补偿）
X0 Y0;	快速到 X0、Y0 处
G98 G85 Z-30 R5 F40;	铰孔
X59 Y0;	坐标点
X29.5 Y51.09;	坐标点
G80;	取消循环
G0 Z100;	快速返回到 Z100 处
X0 Y0;	快速到 X0、Y0 处
M6 T4;	换上 4 号刀，ϕ12mm 立铣刀粗加工
M3 S2500;	主轴正转，转速 2500r/min
G43 H5 G0 Z100;	快速返回到 Z100 处（Z 方向调入刀具长度补偿）
G0 X0 Y0;	快速到 X0、Y0 处
G68 X0 Y0 R45;	坐标在 X0、Y0 处旋转 45°
G10 L12 P1 R6.1;	指定刀具半径补偿量为 6.1mm（精加工余量 0.1mm）
M98 P0002;	ϕ50mm 孔轮廓子程序一次粗加工
G0 Z100;	快速返回到 Z100 处
G0 X0 Y0;	快速到 X0、Y0 处
M98 P0003;	ϕ40mm 孔轮廓子程序一次粗加工
G0 Z100;	快速返回到 Z100 处
M98 P0004;	叉型轮廓子程序一次粗加工
G0 Z100;	快速返回到 Z100 处
G0 X0 Y0;	快速到 X0、Y0 处

续表

程序	说明
M98 P0005;	键槽轮廓子程序一次粗加工
G0 Z100;	快速返回到 Z100 处
G68 X0 Y0 R60;	坐标在 X0、Y0 处旋转 60°
M98 P0005;	60° 键槽轮廓子程序一次粗加工
G0 Z100;	快速返回到 Z100 处
G0 X0 Y0;	快速到 X0、Y0 处
G69;	取消旋转指令
M05;	主轴停转
M6 T1;	换上 1 号刀，ϕ8mm 立铣刀精加工
M3 S3000;	主轴正转，转速 3000r/min
G43 H6 G0 Z100;	快速返回到 Z100 处（Z 方向调入刀具长度补偿）
G0 X0 Y0;	快速到 X0、Y0 处
G10 L12 P1 R5.01;	指定刀具半径补偿量为 5.01mm（考虑公差）
M98 P0002;	ϕ50mm 孔轮廓子程序一次精加工
G0 Z100;	快速返回到 Z100 处
G0 X0 Y0;	快速到 X0、Y0 处
M98 P0003;	ϕ40mm 孔轮廓子程序一次精加工
G0 Z100;	快速返回到 Z100 处
M98 P0004;	叉型轮廓子程序一次精加工
G0 Z100;	快速返回到 Z100 处
G0 X0 Y0;	快速到 X0、Y0 处
M98 P0005;	键槽轮廓子程序一次精加工
G0 Z100;	快速返回到 Z100 处
G68 X0 Y0 R60;	坐标在 X0、Y0 处旋转 60°
M98 P0005;	60° 键槽轮廓子程序一次粗加工
G0 Z100;	快速返回到 Z100 处
G0 X0 Y0;	快速到 X0、Y0 处
G69;	取消旋转指令
M05;	主轴停转
M09;	切削液关
M30;	程序结束
O0002;	ϕ50mm 孔轮廓子程序
G0 X0 Y0;	快速到 X0、Y0 处
G0 Z5;	快速移动至 Z5 处
G91 G1 Z-5 F100;	主轴进给下降到 Z-5 处
G41 G1 X0 Y25 F800 D01;	建立刀具半径左补偿
G3 X0 Y25 J-25;	轮廓轨迹加工
G40 G1 X0 Y0;	取消刀补值
M99;	子程序结束，并返回主程序
O0003;	ϕ40mm 孔轮廓子程序
G0 X0 Y0;	快速到 X0、Y0 处
G0 Z5;	快速移动至 Z5 处
G91 G1 Z-5 F100;	主轴进给下降到 Z-5 处
G41 G1 X0 Y20 F800 D01;	建立刀具半径左补偿

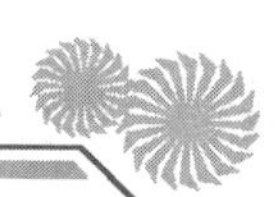

续表

程序	说明
G3 X0 Y25 J-20；	轮廓轨迹加工
G40 G1 X0 Y0；	取消刀补值
M99；	子程序结束，并返回主程序
O0003；	叉型轮廓子程序
G0 X80 Y-33；	快速到 *X*80、*Y*-33 处
Z5.；	快速移动至 *Z*5 处
G91G1 Z-10. F100；	主轴进给下降到 *Z*-10 处
G41 X59. Y-15. F500 D01；	建立刀具半径左补偿
X26.458；	轮廓轨迹加工
G17 G3 X16.536 Y-18.75 I0. J-15.；	
G2 X-7.97 Y23.696 I-16.536 J18.75；	
G3 X0.238 Y30.413 I-4.782 J14.217；	
G1 X16.51 Y58.595；	
G2 X42.49 Y43.595 I12.99 J-7.5；	轮廓轨迹加工
G1 X34.641 Y30.；	
G3 X43.301 Y15. I8.66 J-5.；	
G1 X59.；	
G2 Y-15. I0. J-15.；	
G40 G1 X80 Y-33；	取消刀补值
M99；	子程序结束，并返回主程序
O0003；	键槽轮廓子程序
G0 X59 Y0；	快速到 *X*59、*Y*0 处
Z5. ；	快速移动至 *Z*5 处
G91G1 Z-10. F100；	主轴进给下降到 *Z*-5 处
G41 X59. Y-9.5 F500 D01；	建立刀具半径左补偿
G1 X44；	轮廓轨迹加工
G3 Y-9.5 R9.5；	
G1 X59；	
G3 Y9.5 R9.5；	
G1 X59；	
G40 G1 X59 Y0；	取消刀补值
M99；	子程序结束，并返回主程序

2.4.3　零件加工

详见视频“叉型轮廓零件的加工操作”。

1）打开数控铣床，开机。

2）机床数控轴回参考点。

3）工件装夹。

4）刀具装夹并对刀。

5）手动刀具至安全位置。

6）输入程序检查调试。

扫码观看视频

叉型轮廓零件的加工操作

7）完成零件加工。

8）检测工件，根据评分表完成检测，优化程序。

9）填写实践报告，整理好工具，打扫数控机床并关闭机床。

2.4.4 操作测评

1. 操作现场记录（20分）

任务2.4操作现场记录见表2-32。

表2-32 任务2.4操作现场记录

安全文明生产	安全规范	好 □ 一般 □ 差 □
	刀具、工具、量具的放置合理	合理 □ 不合理 □
	正确使用量具	好 □ 一般 □ 差 □
	设备保养	好 □ 一般 □ 差 □
	关机后机床停放位置合理	合理 □ 不合理 □
	发生重大安全事故、严重违反操作规程者（取消考试）	（事故状态）：
	备注	
规范操作	开机前的检查和开机顺序正确	检查 □ 未检查 □
	正确回参考点	回参考点 □ 未回参考点 □
	工件装夹规范	规范 □ 不规范 □
	刀具安装规范	规范 □ 不规范 □
	正确对刀，建立工件坐标系	正确 □ 不正确 □
	正确设定换刀点	正确 □ 不正确 □
	正确校验加工程序	正确 □ 不正确 □
	正确设置参数	正确 □ 不正确 □
	自动加工过程中，不得开防护门	未开 □ 开 □ 次数 □
	备注	
时间	开始时间：	结束时间：

2. 零件加工质量检测表（80分）

任务2.4零件加工质量检测表见表2-33。

表2-33 任务2.4零件加工质量检测表

项目与权重		序号	技术要求	配分	评分标准	检测记录	得分
工件加工评分（80%）	外轮廓	1	$99^{0}_{-0.03}$ mm	2×5	超差全扣		
		2	$30^{0}_{-0.03}$ mm	2×5	超差全扣		
		3	$\phi50^{0}_{-0.03}$ mm	5	每错一处扣3分		

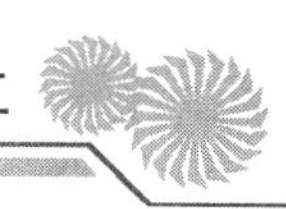

续表

项目与权重		序号	技术要求	配分	评分标准	检测记录	得分
工件加工评分（80%）	外轮廓	4	平行度 0.04mm	5	每错一处扣 3 分		
		5	侧面 *Ra* 1.6μm	5	每错一处扣 1 分		
		6	底面 *Ra* 3.2μm	2	每错一处扣 1 分		
		7	*R*15、*R*10/60°	6	每错一处扣 2 分		
		8	$\phi40^{+0.03}_{0}$ mm	5	超差全扣		
		9	孔距（59±0.03）mm	2×3	超差全扣		
	内轮廓与孔	1	孔距（25±0.03）mm	2×2	超差全扣		
		2	$19^{+0.05}_{0}$ mm	4	超差全扣		
		3	$34^{+0.06}_{0}$ mm	2×4	每错一处扣 2 分		
		4	孔径ϕ12H8	2×3	每错一处扣 2 分		
		5	$5^{+0.03}_{0}$ mm	2×2	每错一处扣 4 分		

2.4.5　相关知识

详见视频“极坐标指令、局部坐标系指令编程示例及注意事项”。

扫码观看视频

极坐标指令、局部坐标系指令编程示例及注意事项

1. 极坐标系

（1）极坐标指令

G16 为极坐标系生效指令。

G15 为极坐标系取消指令。

（2）指令说明

当使用极坐标指令后，坐标值以极坐标方式指定，即以极坐标半径和极坐标角度来确定点的位置。

极坐标半径：当使用 G17、G18、G19 选择好加工平面后，用所选平面的第一轴地址来指定，该值用正值表示。

极坐标角度：用所选平面的第二坐标地址来指定极坐标角度，极坐标的零度方向为第一坐标轴的正方向，逆时针方向为角度方向的正向。

【例】　如图 2-16 所示 *A* 点与 *B* 点的坐标，采用极坐标方式可描述如下：

```
X40.0 Y0;           极坐标半径为 40，极坐标角度为 0°（A 点）
X40.0 Y60.0;        极坐标半径为 40，极坐标角度为 60°（B 点）
```

刀具从 *A* 点到 *B* 点采用极坐标系编程如下：

```
……;
G00 X50.0 Y0;       直角坐标系
G90 G17 G16;        选择 XY 平面，极坐标生效
```

```
G01 X40.0 Y60.0;        终点极坐标半径为40mm，终点极坐标角度为60°
G15;                    取消极坐标
……;
```

（3）极坐标系原点

极坐标系原点指定方式有两种，一种是以工件坐标系的零点作为极坐标系原点；另一种是以刀具当前的位置作为极坐标系原点。

1）以工件坐标系零点作为极坐标系原点。当以工件坐标系零点作为极坐标系原点时，用绝对值编程方式来指定，如程序段G90 G17 G16。

极坐标半径值是指程序段终点坐标到工件坐标系原点的距离，极坐标角度是指程序段终点坐标与工件坐标系原点的连线与*X*轴的夹角，如图2-17所示。

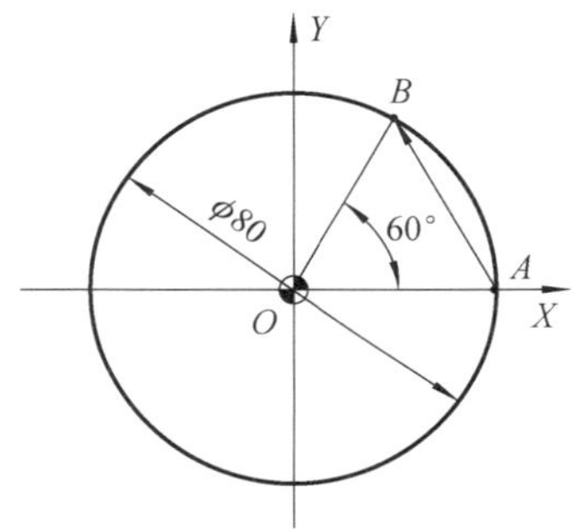

图2-16　点的极坐标表示方法

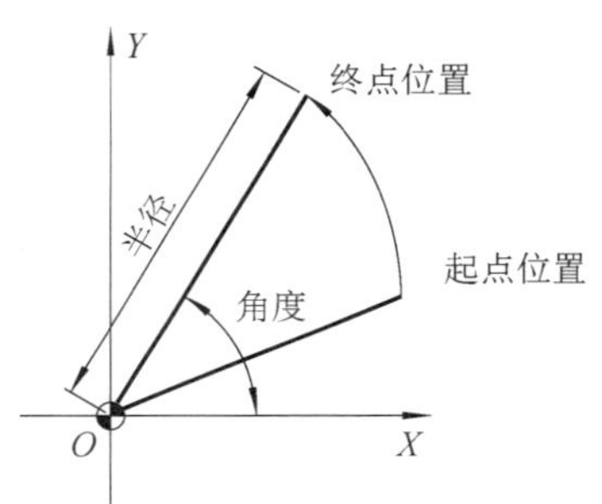

图2-17　极坐标半径及角度

2）以刀具当前位置作为极坐标系原点。当以刀具当前位置作为极坐标系原点时，用增量值编程方式来指定，如程序段G91 G17 G16。

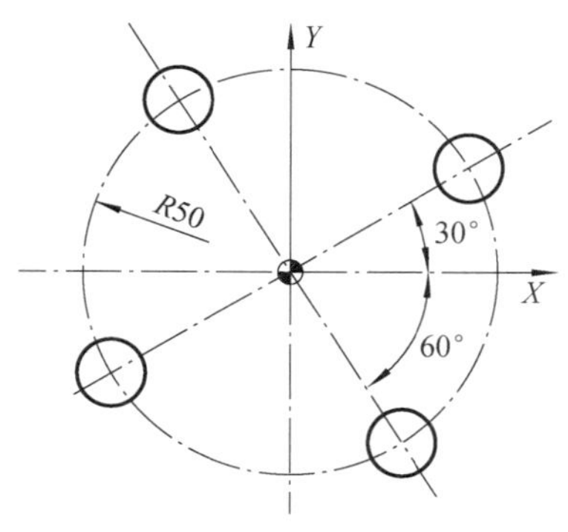

图2-18　极坐标加工孔

极坐标半径值是指程序段终点坐标到刀具当前位置的距离，极坐标角度是指前一坐标原点与当前极坐标系原点的连线与当前轨迹的夹角。

（4）极坐标系编程的应用

采用极坐标系编程，可以大大减少编程时的计算工作量，因此其在数控铣床（加工中心）的编程中得到广泛应用。通常情况下，图样尺寸以半径与角度形式标示的正多边形外形零件及圆周分布的孔类零件采用极坐标编程较为合适。

【例】试用极坐标系编程方式编写图2-18所示孔的加工程序，孔加工深度为20mm。

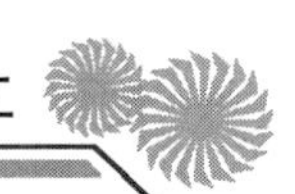

程序如下：

```
O0003;
……;
G90 G17 G16;                              设定工件坐标系原点为极坐标系原点
G81 X50.0 Y30.0 Z-20.0 R5.0 F100;
    Y120;           或G91 Y90.0;
    Y210;             Y90.0;
    Y300;             Y90.0;
G15 G80;                                  取消极坐标
```

2. 局部坐标系

（1）局部坐标系（坐标平移）指令

在数控编程中，为了方便编程，有时要给程序选择一个新的参考，通常是将工件坐标系偏移一个距离。在 FANUC 系统中，通过指令 G52 来实现，其指令格式如下：

```
G52 X__ Y__ Z__;
G52 X0 Y0 Z0;
```

其中：　G52——设定局部坐标系，该坐标系的参考基准是当前设定的有效工件坐标系原点，即使用 G54～G59 设定的工件坐标系；

X、*Y*、*Z*——局部坐标系的原点在原工作坐标系中的位置，该值用绝对坐标值加以指定；

G52 X0 Y0 Z0——取消局部坐标，其实质是将局部坐标系仍设定在原工件坐标系原点处。

【例】 G54;

G52 X20.0 Y10.0;

上例表示设定一个新的工件坐标系，该坐标系位于原工件坐标系 *XY* 平面的（20.0，10.0）位置，如图 2-19 所示。

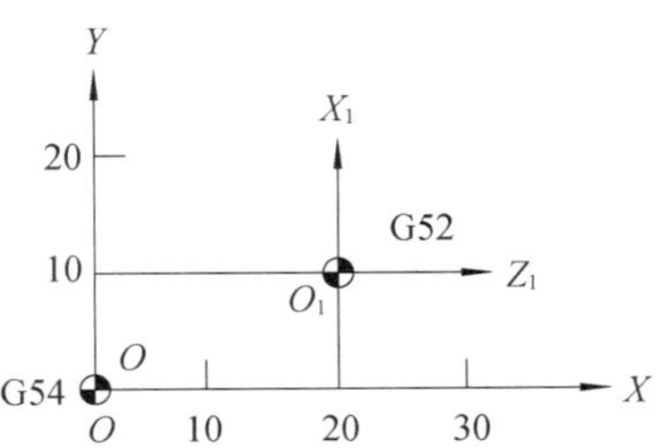

图 2-19　设定局部坐标系

（2）坐标平移（坐标零点偏移）的运用

【例】 加工图 2-20（a）所示零件，毛坯为 50mm×48mm×10mm 的 45 钢，内孔已加工完成，现以内孔定位装夹来加工外轮廓，在数控铣床上进行 4 件或多件加工，零件在夹具中的装夹如图 2-20（b）所示，试编写其数控加工程序。

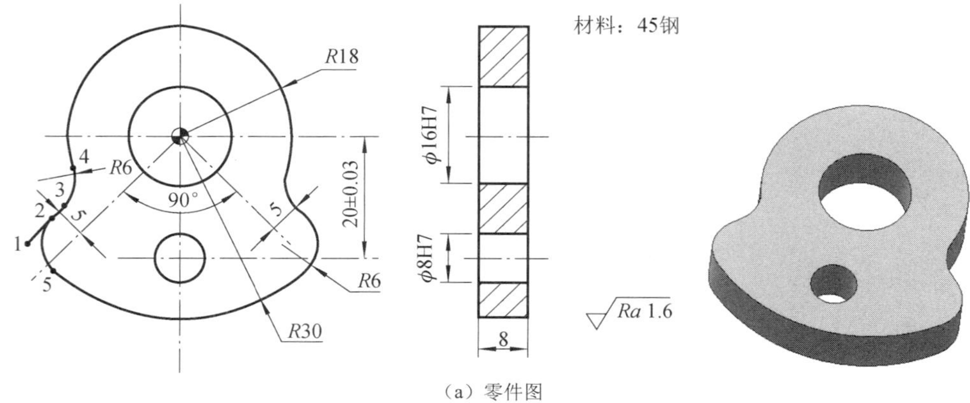

（a）零件图

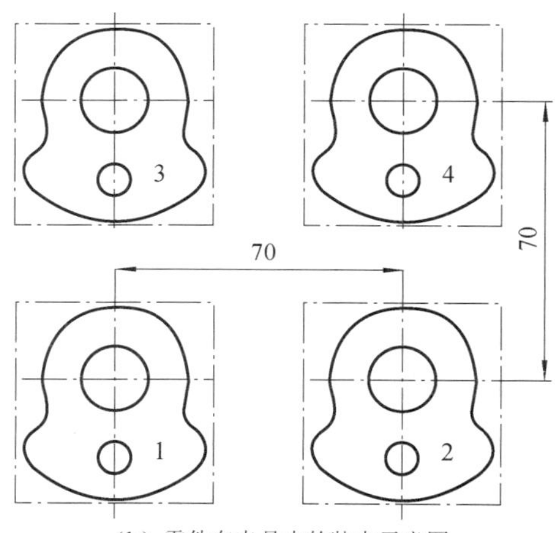

（b）零件在夹具中的装夹示意图

图 2-20　坐标平移编程示例

程序如下：

```
O0251;                          轮廓加工主程序
G90 G94 G21 G40 G17 G54;
G91 G28 Z0;
M03 S800 M08 F100;
G90 G00 X0 Y0;                  刀具定位
Z10.0;
M98 P100;                       加工件 1
G52 X70.0 Y0;                   坐标平移
M98 P100;                       加工件 2
G52 X0 Y70.0;                   坐标平移
```

```
M98 P100;                     加工件 3
G52 X70.0 Y70.0;              坐标平移
M98 P100;                     加工件 4
G52 X0 Y0;                    取消坐标平移
G91 G28 Z0 M09;               刀具返回 Z 向参考点
M05;
M30;
O100;                         子程序
G00 X-35.0 Y-40.0;            刀具定位
G01 Z-9.0;                    Z 向下刀至加工高度
……;
G00 Z10.0;                    刀具抬起
M99                           返回主程序
```

知识拓展

微调精镗刀（刀杆式）的使用

微调精镗刀的结构如图 2-21 所示。

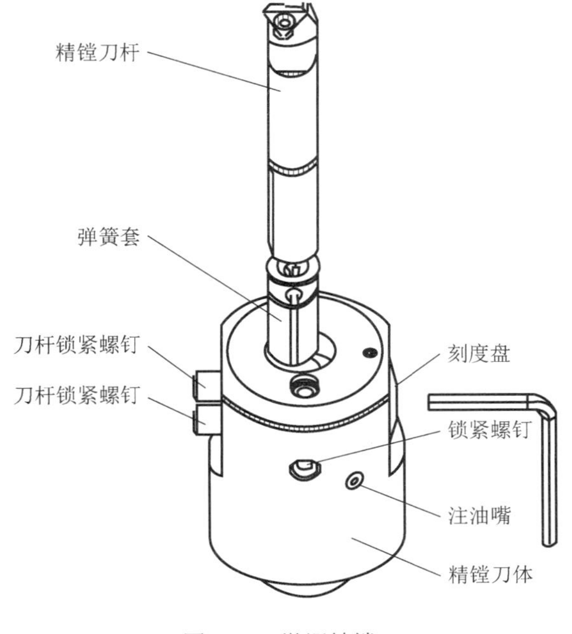

图 2-21　微调精镗刀

1. 特点

1）精镗刀主要部件由不锈钢制成，不易生锈。
2）稳定性好。
3）调整精度高，所有微调精镗刀都有刻度盘，可进行直径 0.01mm 的切深调整。

2. 安装

所有微调精镗刀均可与相应 E 型接口的刀柄连接。

3. 使用说明及注意事项

1）加工直径大于 6mm 的孔时不使用弹簧套。

2）逆时针旋转松开刀杆锁紧螺钉，把精镗刀杆装入刀孔，刀杆装入深度不大于 30 mm（注意，刀尖方向应与刀杆调整正方向一致，参照图 2-22），顺时针旋转锁紧刀杆锁紧螺钉。

3）逆时针旋转松开锁紧螺钉，用内六角扳手转动刻度盘，调整刀杆到切削直径所需要的位置，然后顺时针旋转锁紧螺钉。刻度盘每转动一格代表 0.01mm 的直径切深变化（顺时针旋转增大，逆时针旋转减小）。

4）使用弹簧套时，先将弹簧套装入刀孔（注意，刀杆是靠精镗刀内部支紧垫压紧固定的，装弹簧套时要保证弹簧套的完整面接触支紧垫，保证弹簧套端面与刀体端面平齐，装入方向参照图 2-22）。然后将刀杆装入弹簧套，调节方法同上。

5）当刀杆调整到一定的位置，刻度盘不能再轻易转动时，即镗刀的最大或最小调整范围。此时，不能再继续转动刻度盘，以免损坏精镗刀内部部件。

6）定期保养，注润滑油（从注油嘴处注入）。

7）用红漆封堵的地方不能拆动，否则会损坏镗头精度。

8）未装刀杆时不准拧紧刀杆锁紧螺钉，以免造成内部支紧垫越位不能自动退回。

4. 刀具调整过程

刀具调整过程如图 2-22 所示。

（a）精镗刀体

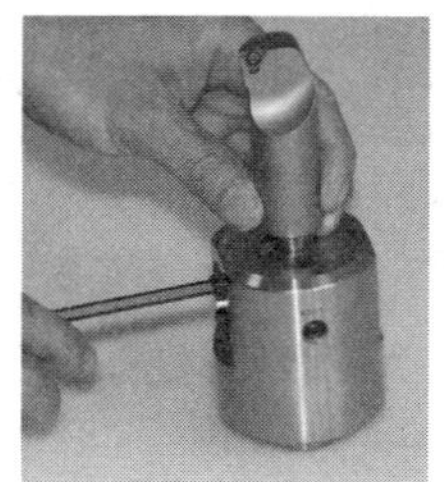
（b）松开锁紧螺钉

（c）微调刻度盘

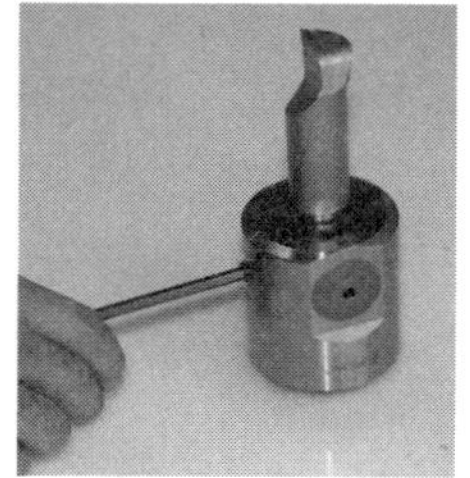
（d）锁紧螺钉

图 2-22　刀具调整过程

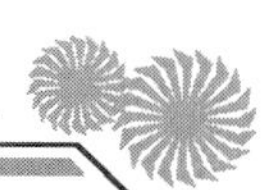

思考与练习

一、填空题

1．FANNU-0i 数控系统的极坐标系生效指令为________，极坐标系取消指令为________。

2．指令“G90 G17 G16；G01 X50 Y60；”中的 X50 表示________，而 Y60 表示________。

3．以工件坐标系作为极坐标系原点，则用________编程方式来指定。

4．当以刀具当前位置作为极坐标系原点时，用________编程方式来指定。

5．在数控编程中，为了方便编程，有时要给程序选择一个新的参考，通常是将工件坐标系偏移一个距离。通过指令 G52 来实现，其指令格式为________。

二、选择题

1．在某一程序中，如果设定了指令 G40、G50、G50.1，则取消这些指令的次序依次为（　　）。

A．G40、G50、G50.1　　B．G40、G50.1、G50

C．G50.1、G50、G40　　D．G50、G50.1、G40

2．执行指令“G90 G17 G16；G01 X50 Y60；X30 Y90”后，刀具到达的直角坐标系的点为（　　）。

A．X30 Y90　　B．X0 Y30

C．X30 Y0　　D．X50 Y90

3．对于缩放、镜像、坐标系旋转指令，CNC 数据处理的顺序是（　　）。

A．缩放、镜像、坐标系旋转　　B．镜像、缩放、坐标系旋转

C．坐标系旋转、缩放、镜像　　D．坐标系旋转、镜像、缩放

4．“G54；G52 X20 Y10；”表示设定一个新的工件坐标系，该坐标系位于原工件坐标系 *XY* 平面的（　　）位置。

A．（20，10）　　B．（20，0）

C．（0，10）　　D．（0，0）

5．直角坐标系中坐标为（10，10），以编程原点作为极坐标原点时，则表示该点的极坐标为（　　）。

A．（10，10）　　B．（10，45）

C．（14.14，10）　　D．（14.14，45）

三、编制如图题 2-4 所示零件的加工程序

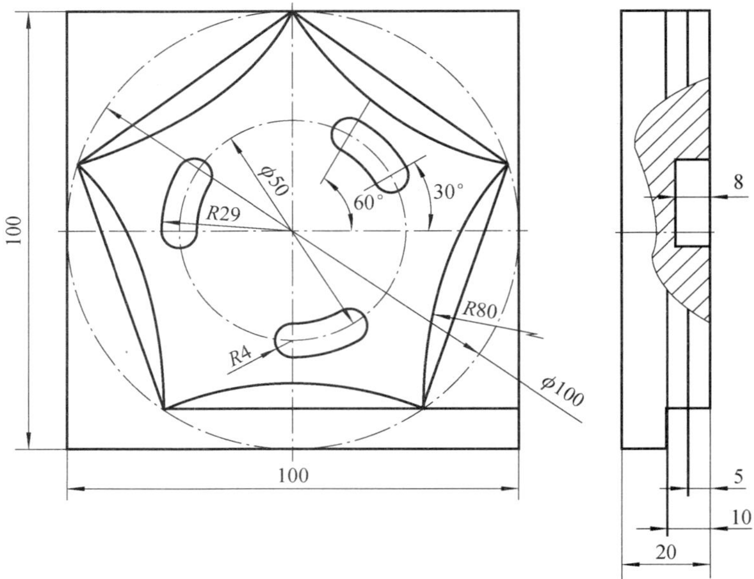

图题 2-4

主要参考文献

高晓东. 2011. 数控铣削（加工中心）[M]. 北京：中国铁道出版社.

沈剑锋. 2011. 数控机床编程与操作（数控铣床 加工中心分册）[M]. 3 版. 北京：中国劳动社会保障出版社.

朱军. 2013. 数控铣削技术训练[M]. 南京：江苏教育出版社.